ZIVIL FLUGZEUGE

DAVID DONALD

1920 – 1964

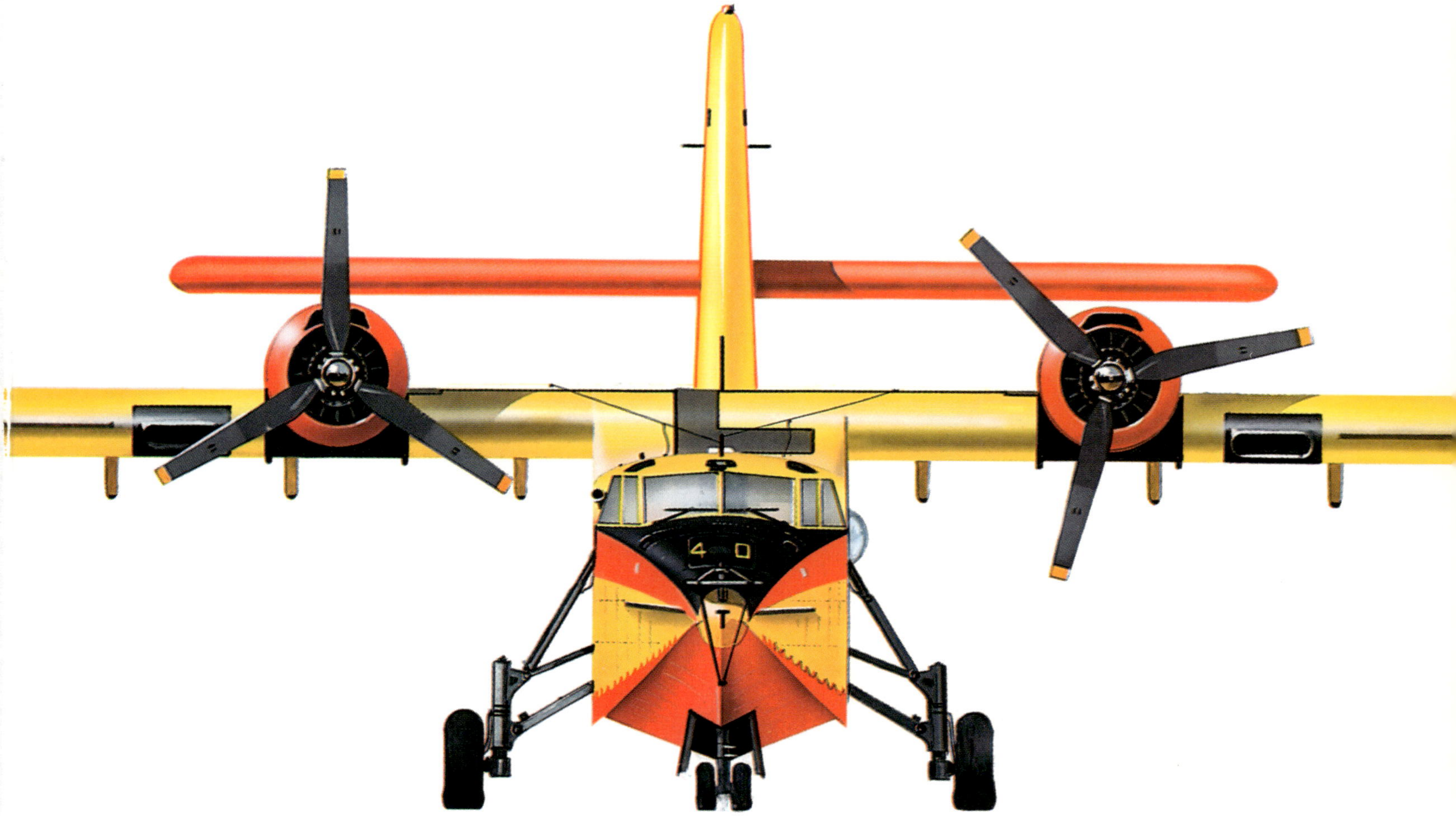

ZIVIL FLUGZEUGE

DAVID DONALD

1920 – 1964

BECHTERMÜNZ VERLAG

Originaltitel: *The Classic Civil Aircraft Guide*
In Großbritannien veröffentlicht durch Blitz Editions
Blitz Editions ist ein Imprintverlag von Bookmart Ltd

Deutsche Erstausgabe

Weltbild Verlag GmbH, Augsburg 1999

Ein Teil des Materials wurde von Orbis schon in dem
Sammelwerk „Airplane" veröffentlicht.
Design: Brown Packaging Books Ltd
Umschlaggestaltung: Georg Lehmacher, Friedberg (i. Bay.)
Umschlagmotive: Boeing/Lufthansa, Bild (vorne, großes Motiv), Boeing 707 (oben vorne links; Keystone Pressedienst), Lufthansa-Motiv (oben vorne Mitte), Comet IV (oben vorne rechts; Keystone Pressedienst), Lufthansa-Motiv (hinten unten rechts), Boeing 727 (hinten oben links, Boeing-Bild), Boeing 707/DC 10 (hinten oben rechts, Boeing-Bild), DC 3 (hinten unten links, Boeing-Bild)
Printed in The Czech Republic
ISBN 3-8289-5345-X

Inhalt

TECHNISCHE DATEN

Dornier Super-Wal (vier Motoren)
Typ: Flugboot
Triebwerk: vier wassergekühlte Napier-Lion-VIII-W-12-Kolbenmotoren mit je 460/485 PS
Leistung: Höchstgeschwindigkeit 210 km/h; Reisegeschwindigkeit 161 km/h; Standard-Dienstgipfelhöhe 2000 m; Reichweite mit max. Nutzlast 1000 km
Gewicht: Leergewicht 9880 kg; Gesamtfluggewicht 14.000 kg
Abmessungen: Spannweite 28,60 m; Länge 24,60 m; Höhe 6 m; tragende Fläche 137 m^2
Auslegung: Viermann-Besatzung und bis zu 19 Passagiere; max. Nutzlast 3800 kg

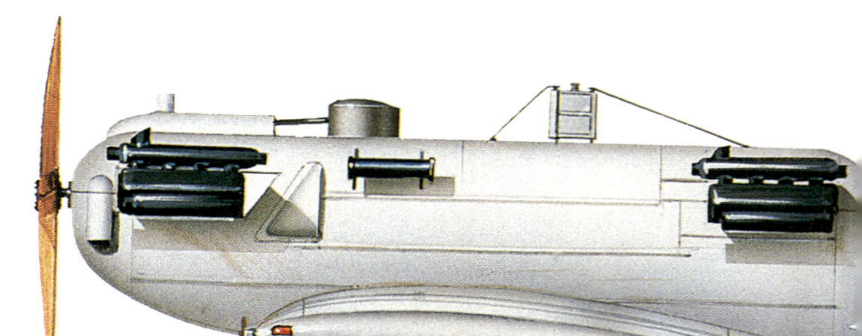

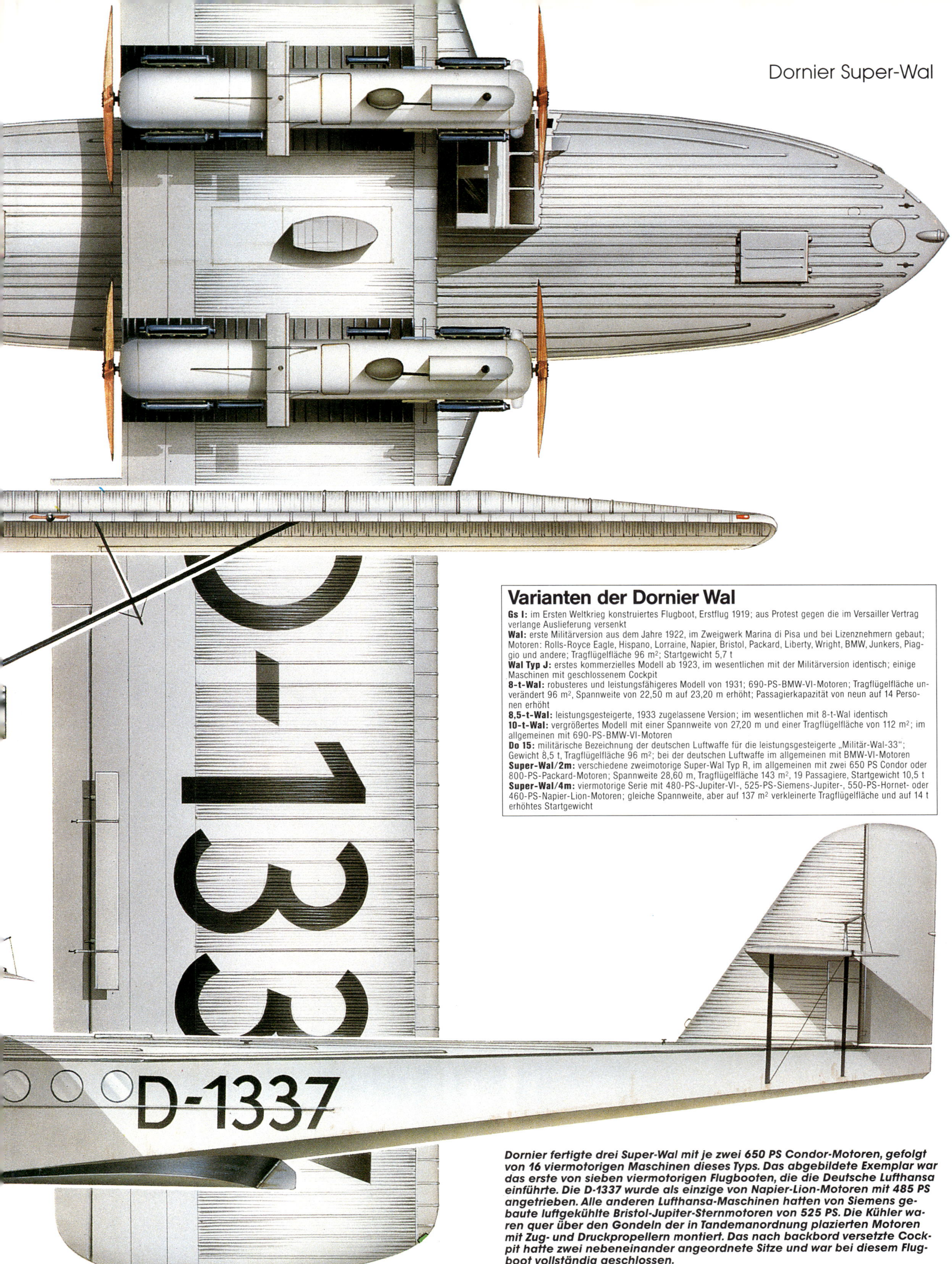

Varianten der Dornier Wal

Gs I: im Ersten Weltkrieg konstruiertes Flugboot, Erstflug 1919; aus Protest gegen die im Versailler Vertrag verlange Auslieferung versenkt
Wal: erste Militärversion aus dem Jahre 1922, im Zweigwerk Marina di Pisa und bei Lizenznehmern gebaut; Motoren: Rolls-Royce Eagle, Hispano, Lorraine, Napier, Bristol, Packard, Liberty, Wright, BMW, Junkers, Piaggio und andere; Tragflügelfläche 96 m²; Startgewicht 5,7 t
Wal Typ J: erstes kommerzielles Modell ab 1923, im wesentlichen mit der Militärversion identisch; einige Maschinen mit geschlossenem Cockpit
8-t-Wal: robusteres und leistungsfähigeres Modell von 1931; 690-PS-BMW-VI-Motoren; Tragflügelfläche unverändert 96 m², Spannweite von 22,50 m auf 23,20 m erhöht; Passagierkapazität von neun auf 14 Personen erhöht
8,5-t-Wal: leistungsgesteigerte, 1933 zugelassene Version; im wesentlichen mit 8-t-Wal identisch
10-t-Wal: vergrößertes Modell mit einer Spannweite von 27,20 m und einer Tragflügelfläche von 112 m²; im allgemeinen mit 690-PS-BMW-VI-Motoren
Do 15: militärische Bezeichnung der deutschen Luftwaffe für die leistungsgesteigerte „Militär-Wal-33“; Gewicht 8,5 t, Tragflügelfläche 96 m²; bei der deutschen Luftwaffe im allgemeinen mit BMW-VI-Motoren
Super-Wal/2m: verschiedene zweimotorige Super-Wal Typ R, im allgemeinen mit zwei 650 PS Condor oder 800-PS-Packard-Motoren; Spannweite 28,60 m, Tragflügelfläche 143 m², 19 Passagiere, Startgewicht 10,5 t
Super-Wal/4m: viermotorige Serie mit 480-PS-Jupiter-VI-, 525-PS-Siemens-Jupiter-, 550-PS-Hornet- oder 460-PS-Napier-Lion-Motoren; gleiche Spannweite, aber auf 137 m² verkleinerte Tragflügelfläche und auf 14 t erhöhtes Startgewicht

Dornier fertigte drei Super-Wal mit je zwei 650 PS Condor-Motoren, gefolgt von 16 viermotorigen Maschinen dieses Typs. Das abgebildete Exemplar war das erste von sieben viermotorigen Flugbooten, die die Deutsche Lufthansa einführte. Die D-1337 wurde als einzige von Napier-Lion-Motoren mit 485 PS angetrieben. Alle anderen Lufthansa-Maschinen hatten von Siemens gebaute luftgekühlte Bristol-Jupiter-Sternmotoren von 525 PS. Die Kühler waren quer über den Gondeln der in Tandemanordnung plazierten Motoren mit Zug- und Druckpropellern montiert. Das nach backbord versetzte Cockpit hatte zwei nebeneinander angeordnete Sitze und war bei diesem Flugboot vollständig geschlossen.

D.H.82A Tiger Moth Mk II

TECHNISCHE DATEN

D.H.82A Tiger Moth Mk II
Typ: zweisitziger Schuldoppeldecker
Triebwerk: ein luftgekühlter hängender Vierzylinder-Reihenmotor de Havilland Gipsy Major I mit 97 kW (130 PS)
Leistung: Höchstgeschwindigkeit in Meereshöhe 167 km/h; Anfangssteiggeschwindigkeit in Bodennähe 194 m/min; Dienstgipfelhöhe 4145 m; Reichweite 483 km
Gewicht: Leermasse 506 kg; maximale Startmasse 828 kg
Abmessungen: Spannweite 8,94 m; Länge 7,29 m; Höhe 2,68 m; Tragflügelfläche 22,2 m^2
Bewaffnung: keine

Eine de Havilland D.H.82A Tiger Moth der 1950 auf RAF Fairoaks stationierten University of London Air Squadron. Diese Staffel übernahm 1939 die Tiger Moth als Ersatz für ihre Avro Tutor und betrieb sie, bis Anfang der fünfziger Jahre die Chipmunk eingeführt wurden. Die Rumpfmarkierung RUL steht für Reserve Command, University of London Air Squadron. Die gelben Streifen auf Rumpf und Flügeln kennzeichnen die Maschine als Schulflugzeug. Hinter dem rückwärtigen Cockpit erkennt man die Blindflughaube, die zum Instrumentenflugtraining mit Hilfe eines Metallgerüstes nach vorne geklappt werden konnte.

Moth-Varianten

D.H.60 Moth (Cirrus I): Modell von 1925/26; zwei Prototypen (G-EBKT und G-EBKU); acht Vorserien und 31 Serienflugzeuge
D.H.60 Moth (Cirrus II): Modell von 1926/27; 32 Maschinen
D.H.60 Genet Moth: sechs Flugzeuge (J8816–J8821) für das britische Luftwaffenministerium; Genet-Motor
D.H.60X Moth (Cirrus III): Modell von 1928; 338 Maschinen von de Havilland im Werk Stag Lane gebaut
D.H.60G Gipsy Moth: 1928 eingeführt; 595 Maschinen in Stag Lane, 40 bei Morane-Saulnier (Frankreich), 18 bei Moth Aircraft Corp. (USA) und 32 bei Larkin Aircraft Supply Melbourne (Australien) gebaut
D.H.60M Moth (Metal Moth): 1928 eingeführt; vier Vorserienmaschinen; 536 Maschinen in Stag Lane, 40 bei DH Canada, 161 bei Moth Aircraft Corp. (USA) und zehn 1931 in Norwegen gebaut
D.H.60GIII Moth: eine aus Holz gefertigte Moth mit Gipsy-III-Motor; 1932 eingeführt; 42 Maschinen in Stag Lane gebaut
D.H.60GIII Moth Major: Gipsy Major III oder IIIA; 1934 eingeführt; ein Prototyp (G-ACNP), 96 Serienmaschinen
D.H.60T Moth Trainer: Gipsy II, 1931 eingeführter Militärtrainer; Prototypen (G-ABKS und G-ABKU) und eine erste Serie von 47 Maschinen
D.H.61 Giant Moth: Kabinendoppeldecker für sechs/acht Passagiere; Motor: Jupiter VI oder XI, Jaguar VIC oder Pratt & Whitney Hornet; 1928 eingeführt
D.H.71 Tiger Moth: 1927 zwei Versuchseindecker G-EBQU (Gipsy) und G-EBRV (Cirrus II) gebaut
D.H.75 Hawk Moth: erste Hochdecker-Moth; ein Prototyp (Motor de Havilland Ghost), fünf D.H.75A (Motor: Lynx, Whirlwind oder Cheetah) und eine D.H.75B (Whirlwind)
D.H.80A Puss Moth: Kabinenhochdecker; Motor: Gipsy III oder Gipsy Major bzw. hochverdichtender Gipsy; 1930 eingeführt; ein D.H.80-Prototyp (G-AAHZ) und 259 Serienmaschinen in Stag Lane sowie 25 bei DH Canada gebaut
D.H.81 Swallow Moth: zweisitziger Tiefdecker; nur eine Maschine gebaut
D.H.82T Tiger Moth: acht Maschinen, ähnlich wie D.H.60T, jedoch mit Gipsy III; Einsatzerprobung führte zur D.H.82 und -82A
D.H.82 Tiger Moth: 114 Doppeldecker für die Kampfflieger-Anfängerschulung in Stag Lane gebaut
D.H.82A Tiger Moth: in der RAF Tiger Moth Mk II; Trainer zur Anfängerschulung; zwischen 1934 und 1945 insgesamt rund 7290 Maschinen gebaut; 795 von de Havilland in Hatfield, 3216 von Morris in Cowley, der Rest bei DH Canada, DH Australia, DH New Zealand sowie in Portugal (91 Maschinen), Norwegen (37) und Schweden (23); Gipsy III und Gipsy Major (verschiedene Varianten); in der Gesamtzahl enthalten sind 786 von DH Canada gebaute D.H.82C mit Menasco Pirate D4-Motor (200 wurden 1942 als PT-24 in die USA verkauft); mindestens 17 Maschinen 1957/59 zu Thruxton Jackaroo (viersitziges Kabinenflugzeug) umgebaut
D.H.82B Queen Bee: ferngesteuerter Zielflugkörper; RAF 380 Maschinen, britische Marine 420 Maschinen
D.H.83 Fox Moth: Kabinendoppeldecker für vier Passagiere; 1932 eingeführt; Gipsy Major oder Gipsy Major IC; insgesamt 153 Maschinen
D.H.85A Leopard Moth: dreisitziger Kabinenhochdecker; 1933 eingeführt; Gipsy Major (D.H.85) und Gipsy Six R (D.H.85A); ein Prototyp (G-ACHD) und 131 Serienmaschinen
D.H.87 Hornet Moth: zweisitziger Kabinendoppeldecker; 1934 eingeführt; Gipsy Major I; Prototyp D.H.87 (G-ACTA), D.H.87A mit elliptischen Flügeln und Flügelspitzen; D.H.87B mit rechteckigen Flügeln und quadratischen Flügelspitzen; 163 Serienmaschinen gebaut
D.H.94 Moth Minor: zweisitziger Tiefdecker; 1937 eingeführt

Junkers F 13da

Die Junkers F 13 wurde in vielen Versionen – hauptsächlich mit unterschiedlichen Motoren – gebaut. Hauptnutzer war die Deutsche Lufthansa, die 1926 als nationale Fluggesellschaft gegründet wurde. Die meisten ihrer Flugzeuge dienten vorher bei Junkers-Luftverkehr, vom Hersteller der F 13 im Jahre 1921 etabliert. Bei der DLH dienten die F 13 bis 1938; anschließend wurden sie von Flugschulen der Luftwaffe und Privatunternehmen übernommen.

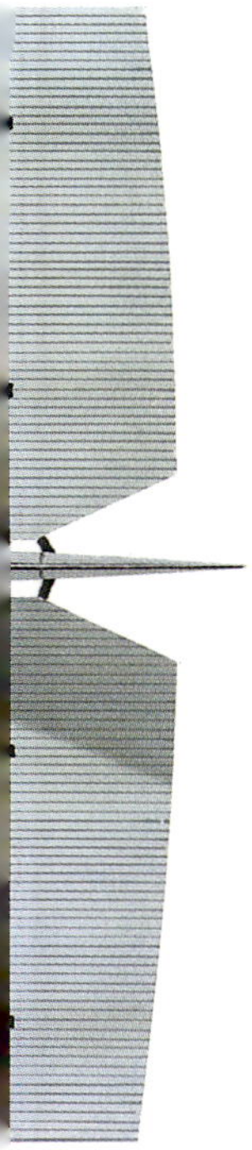

TECHNISCHE DATEN

Junkers F 13da
Spannweite: 17,75 m
Länge: 9,60 m
Tragflügelfläche: 44 m^2
Triebwerk: ein Kolbenmotor Junkers L2 mit 280 PS
Passagierzahl: vier
Leermasse: 1150 kg
Höchste Abflugmasse: 1730 kg
Höchstgeschwindigkeit: 171 km/h
Reisegeschwindigkeit: 140 km/h
Dienstgipfelhöhe: 4000 m
Reichweite: 950 km

Ford Model 5-AT-B

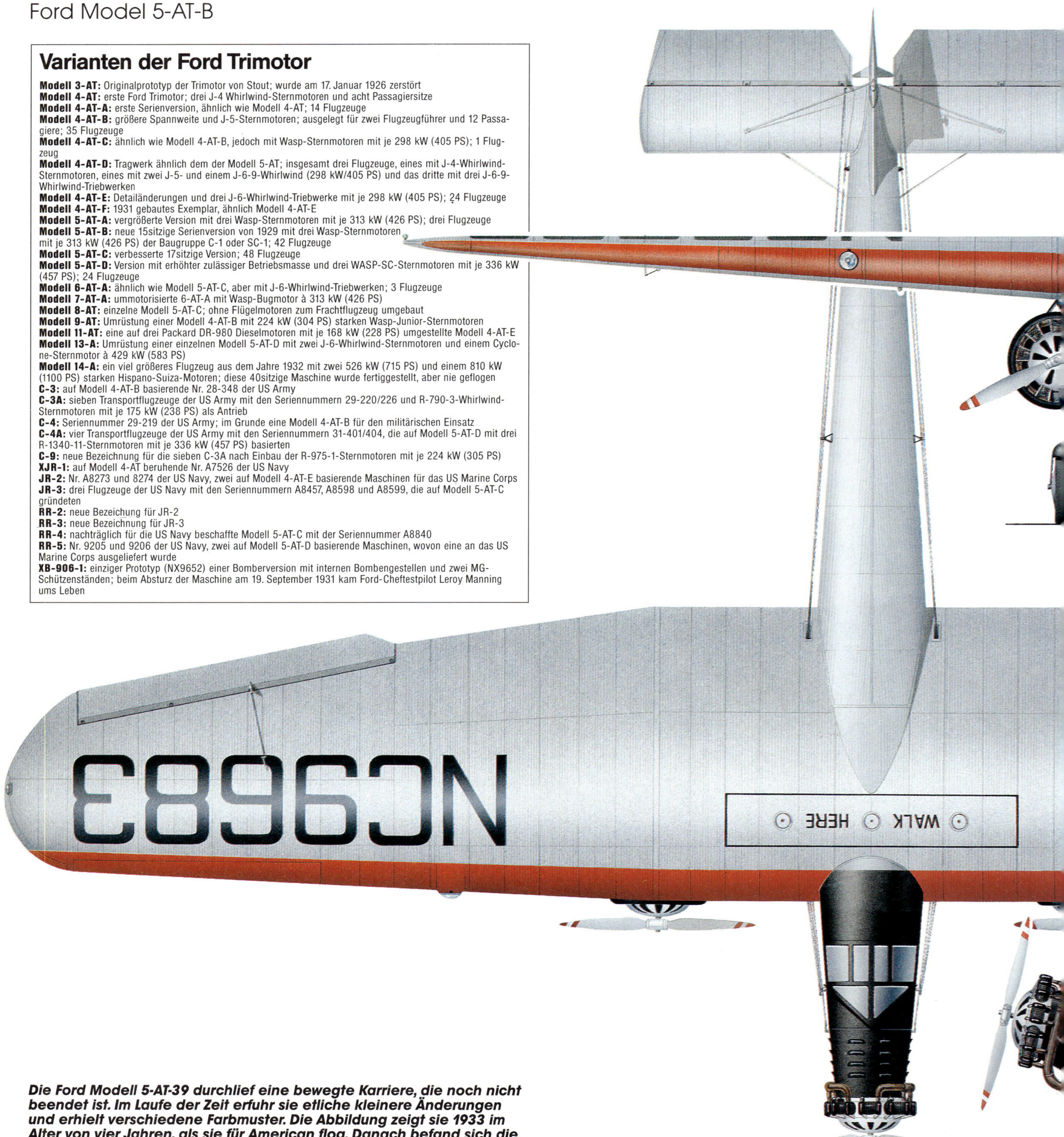

Varianten der Ford Trimotor

Modell 3-AT: Originalprototyp der Trimotor von Stout; wurde am 17. Januar 1926 zerstört
Modell 4-AT: erste Ford Trimotor; drei J-4 Whirlwind-Sternmotoren und acht Passagiersitze
Modell 4-AT-A: erste Serienversion, ähnlich wie Modell 4-AT; 14 Flugzeuge
Modell 4-AT-B: größere Spannweite und J-5-Sternmotoren; ausgelegt für zwei Flugzeugführer und 12 Passagiere; 35 Flugzeuge
Modell 4-AT-C: ähnlich wie Modell 4-AT-B, jedoch mit Wasp-Sternmotoren mit je 298 kW (405 PS); 1 Flugzeug
Modell 4-AT-D: Tragwerk ähnlich dem der Modell 5-AT; insgesamt drei Flugzeuge, eines mit J-4-Whirlwind-Sternmotoren, eines mit zwei J-5- und einem J-6-9-Whirlwind (298 kW/405 PS) und das dritte mit drei J-6-9-Whirlwind-Triebwerken
Modell 4-AT-E: Detailänderungen und drei J-6-Whirlwind-Triebwerke mit je 298 kW (405 PS); 24 Flugzeuge
Modell 4-AT-F: 1931 gebautes Exemplar, ähnlich Modell 4-AT-E
Modell 5-AT-A: vergrößerte Version mit drei Wasp-Sternmotoren mit je 313 kW (426 PS); drei Flugzeuge
Modell 5-AT-B: neue 15sitzige Serienversion von 1929 mit drei Wasp-Sternmotoren mit je 313 kW (426 PS) der Baugruppe C-1 oder SC-1; 42 Flugzeuge
Modell 5-AT-C: verbesserte 17sitzige Version; 48 Flugzeuge
Modell 5-AT-D: Version mit erhöhter zulässiger Betriebsmasse und drei WASP-SC-Sternmotoren mit je 336 kW (457 PS); 24 Flugzeuge
Modell 6-AT-A: ähnlich wie Modell 5-AT-C, aber mit J-6-Whirlwind-Triebwerken; 3 Flugzeuge
Modell 7-AT-A: unmotorisierte 6-AT-A mit Wasp-Bugmotor à 313 kW (426 PS)
Modell 8-AT: einzelne Modell 5-AT-C; ohne Flügelmotoren zum Frachtflugzeug umgebaut
Modell 9-AT: Umrüstung einer Modell 4-AT-B mit 224 kW (304 PS) starken Wasp-Junior-Sternmotoren
Modell 11-AT: eine auf drei Packard DR-980 Dieselmotoren mit je 168 kW (228 PS) umgestellte Modell 4-AT-E
Modell 13-A: Umrüstung einer einzelnen Modell 5-AT-D mit zwei J-6-Whirlwind-Sternmotoren und einem Cyclone-Sternmotor à 429 kW (583 PS)
Modell 14-A: ein viel größeres Flugzeug aus dem Jahre 1932 mit zwei 526 kW (715 PS) und einem 810 kW (1100 PS) starken Hispano-Suiza-Motoren; diese 40sitzige Maschine wurde fertiggestellt, aber nie geflogen
C-3: auf Modell 4-AT-B basierende Nr. 28-348 der US Army
C-3A: sieben Transportflugzeuge der US Army mit den Seriennummern 29-220/226 und R-790-3-Whirlwind-Sternmotoren mit je 175 kW (238 PS) als Antrieb
C-4: Seriennummer 29-219 der US Army; im Grunde eine Modell 4-AT-B für den militärischen Einsatz
C-4A: vier Transportflugzeuge der US Army mit den Seriennummern 31-401/404, die auf Modell 5-AT-D mit drei R-1340-11-Sternmotoren mit je 336 kW (457 PS) basierten
C-9: neue Bezeichnung für die sieben C-3A nach Einbau der R-975-1-Sternmotoren mit je 224 kW (305 PS)
XJR-1: auf Modell 4-AT beruhende Nr. A7526 der US Navy
JR-2: Nr. A8273 und 8274 der US Navy, zwei auf Modell 4-AT-E basierende Maschinen für das US Marine Corps
JR-3: drei Flugzeuge der US Navy mit den Seriennummern A8457, A8598 und A8599, die auf Modell 5-AT-C gründeten
RR-2: neue Bezeichnung für JR-2
RR-3: neue Bezeichnung für JR-3
RR-4: nachträglich für die US Navy beschaffte Modell 5-AT-C mit der Seriennummer A8840
RR-5: Nr. 9205 und 9206 der US Navy, zwei auf Modell 5-AT-D basierende Maschinen, wovon eine an das US Marine Corps ausgeliefert wurde
XB-906-1: einziger Prototyp (NX9652) einer Bomberversion mit internen Bombengestellen und zwei MG-Schützenständen; beim Absturz der Maschine am 19. September 1931 kam Ford-Cheftestpilot Leroy Manning ums Leben

Die Ford Modell 5-AT-39 durchlief eine bewegte Karriere, die noch nicht beendet ist. Im Laufe der Zeit erfuhr sie etliche kleinere Änderungen und erhielt verschiedene Farbmuster. Die Abbildung zeigt sie 1933 im Alter von vier Jahren, als sie für American flog. Danach befand sich die Maschine noch in vielen lateinamerikanischen Ländern sowie in Alaska und Mexiko im Einsatz, ehe sie 1962 von Aircraft Hydro-Forming vollständig restauriert wurde (diese amerikanische Firma versuchte in den vergangenen 20 Jahren, eine moderne Version der Trimotor, die Stout Bushmaster 2000, serienmäßig zu fertigen). Ein Jahr später kaufte American (seit langem Airlines statt Airways) sie auf und versah sie für Werbeflüge mit ihrer alten Nummer.

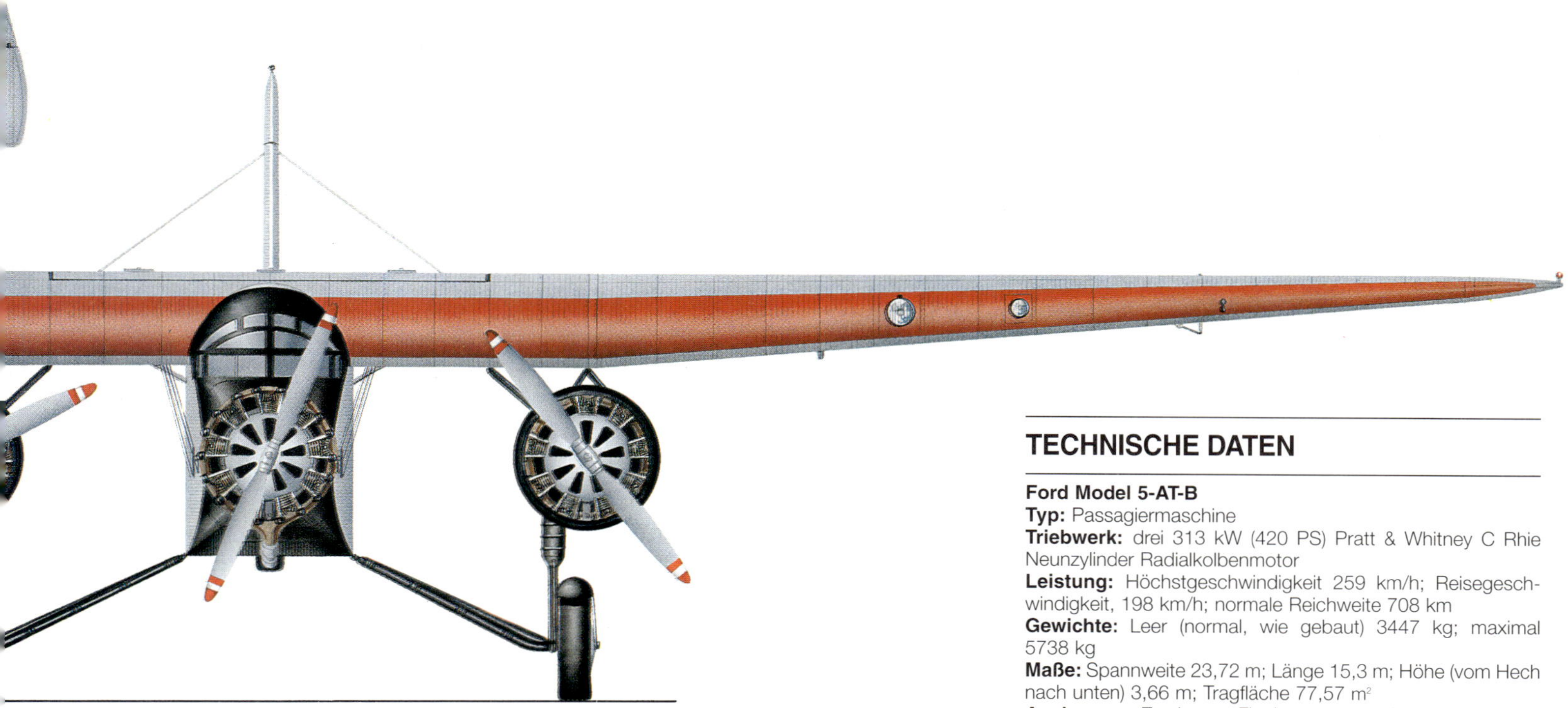

TECHNISCHE DATEN

Ford Model 5-AT-B
Typ: Passagiermaschine
Triebwerk: drei 313 kW (420 PS) Pratt & Whitney C Rhie Neunzylinder Radialkolbenmotor
Leistung: Höchstgeschwindigkeit 259 km/h; Reisegeschwindigkeit, 198 km/h; normale Reichweite 708 km
Gewichte: Leer (normal, wie gebaut) 3447 kg; maximal 5738 kg
Maße: Spannweite 23,72 m; Länge 15,3 m; Höhe (vom Hech nach unten) 3,66 m; Tragfläche 77,57 m^2
Auslegung: Zweimann Flugbesatzung nebeneinander plus normale Sitze für bix zu 15 Passagiere oder (später) 13 plus Steward oder 1520 kg Fracht

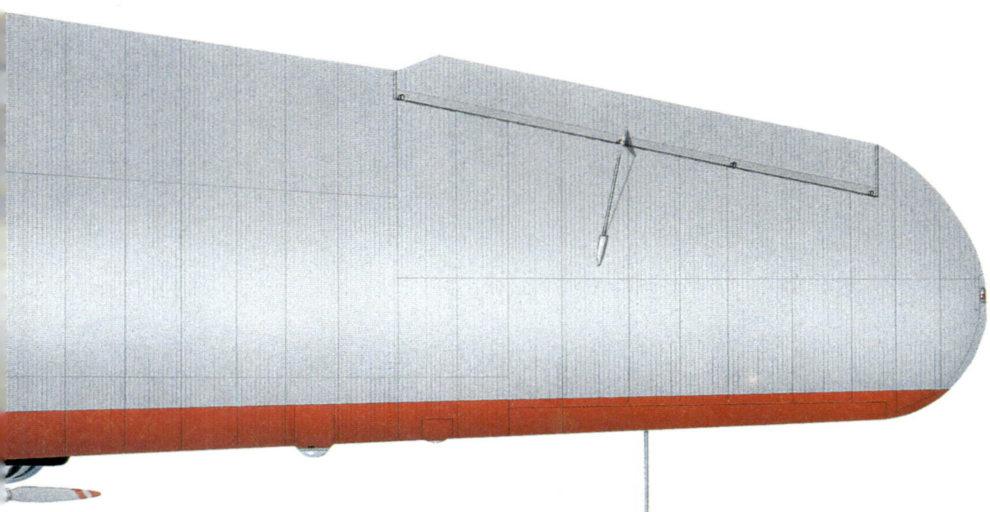

Fokker F.VII-3m

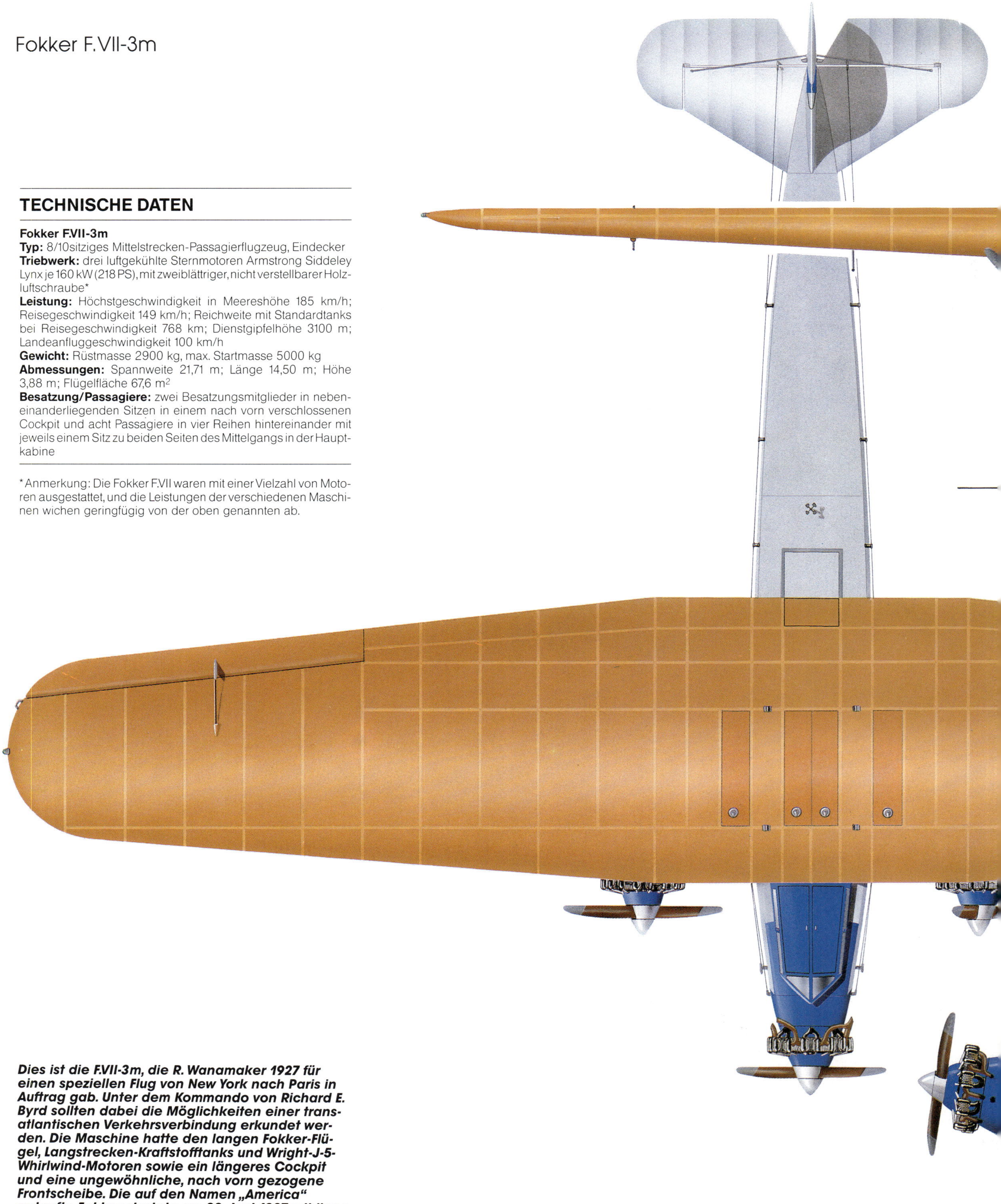

TECHNISCHE DATEN

Fokker F.VII-3m
Typ: 8/10sitziges Mittelstrecken-Passagierflugzeug, Eindecker
Triebwerk: drei luftgekühlte Sternmotoren Armstrong Siddeley Lynx je 160 kW (218 PS), mit zweiblättriger, nicht verstellbarer Holzluftschraube*
Leistung: Höchstgeschwindigkeit in Meereshöhe 185 km/h; Reisegeschwindigkeit 149 km/h; Reichweite mit Standardtanks bei Reisegeschwindigkeit 768 km; Dienstgipfelhöhe 3100 m; Landeanfluggeschwindigkeit 100 km/h
Gewicht: Rüstmasse 2900 kg, max. Startmasse 5000 kg
Abmessungen: Spannweite 21,71 m; Länge 14,50 m; Höhe 3,88 m; Flügelfläche 67,6 m^2
Besatzung/Passagiere: zwei Besatzungsmitglieder in nebeneinanderliegenden Sitzen in einem nach vorn verschlossenen Cockpit und acht Passagiere in vier Reihen hintereinander mit jeweils einem Sitz zu beiden Seiten des Mittelgangs in der Hauptkabine

*Anmerkung: Die Fokker F.VII waren mit einer Vielzahl von Motoren ausgestattet, und die Leistungen der verschiedenen Maschinen wichen geringfügig von der oben genannten ab.

Dies ist die F.VII-3m, die R. Wanamaker 1927 für einen speziellen Flug von New York nach Paris in Auftrag gab. Unter dem Kommando von Richard E. Byrd sollten dabei die Möglichkeiten einer transatlantischen Verkehrsverbindung erkundet werden. Die Maschine hatte den langen Fokker-Flügel, Langstrecken-Kraftstofftanks und Wright-J-5-Whirlwind-Motoren sowie ein längeres Cockpit und eine ungewöhnliche, nach vorn gezogene Frontscheibe. Die auf den Namen „America" getaufte Fokker startete am 29. Juni 1927 mit ihrer vierköpfigen Besatzung, mußte jedoch bei Le Havre im Ärmelkanal notwassern. Die Wetterverhältnisse in Paris hatten keine Landung auf Le Bourget erlaubt, und nach 40 Stunden in der Luft war der Maschine der Kraftstoff ausgegangen.

Varianten der Fokker F.VII

F.VII: ursprüngliche, vergrößerte Transportmaschine, Rolls-Royce Eagle-Motor mit 268,5 kW (365 PS), sechs Passagiere
F.VIIA: verbessertes Modell mit acht Passagiersitzen, kleinerem Tragflügel, aerodynamisch ausgefeilt und ausgestattet mit verschiedenen Motoren der 335,6-kW-Klasse
F.VIIA-3m: dreimotorige Version der F.VIIA mit dem gleichen Flügel von 19,3 m Spannweite und 58,5 m^2 Fläche, typisch mit drei Motoren der 149,1-kW-Klasse wie dem Wright Whirlwind oder dem Armstrong Siddeley Lynx
F.VIIB-3m: vergrößerte Maschine mit einem Flügel von 21,71 m Spannweite und 67,5 oder 67,6 m^2 Fläche, freigegeben für viel höhere Masse, verschiedene Motoren von 149,1–261 kW (203–355 PS)
F.9: US-Atlantic-Aviation-Version der F.VIIB-3m, meist mit Flügel von 22,61 m Spannweite und 66,7 m^2 Fläche
C-2: F.9-Version der US Army, gefolgt von der Serie C-2A
TA-1 (später RA-1): C-2-Version der US Navy für das US Marine Corps
TA-2 (später RA-2): US-Navy-Äquivalent der C-2A
TA-3 (später RA-3): endgültiges Modell der US Navy mit 223,7 kW (304 PS) starken R-975 (J-6)-Whirlwind-Motoren.
F.10: vergrößerte Version der Atlantic Aircraft für zwölf Passagiere mit Tragflügel von 24,13 m Spannweite und 79,34 m^2 Fläche sowie 316,9 kW (431 PS) starken Wasp-Motoren
F.10A: Atlantic Super Trimotor mit vergrößerter 14sitziger Kabine
C-5: F.10A-Version der US Army, allerdings mit 223,7 kW (304 PS) starken Wright-R-975-Motoren
XC-7: C-2A der US Army, mit neuen 246,1 kW (335 PS) starken R-975-Motoren
C-7A: Serienentwicklung der XC-7 mit größerem Flügel, neuem Leitwerk und dem Rumpf der F.10A
RA-4: einzelne F.10A für die US Navy
XLB-2: einzelner Bomber für die US Army, abgeleitet von C-7, aber mit zwei Wasp-Motoren je 305,7 kW (416 PS)
F.VIII: nächstes holländisches Modell mit 83 m^2 Flügelfläche und zwei Jupiter-Motoren
F.IX: holländisches Verkehrsflugzeug mit 103 m^2 Flügelfläche und drei Jupiter-Motoren (auch tschechische Avia F.IX, F.39 und F.IXD-Bomber)
F.XII: holländisches Verkehrsflugzeug mit 83 m^2 Flügelfläche und drei Wasp-Motoren
F.XVIII: holländisches Verkehrsflugzeug mit 84 m^2 Flügelfläche und drei Wasp-Motoren
F.XX: neukonzipiertes holländisches Verkehrsflugzeug mit 96 m^2 Flügelfläche, drei Cyclone-Motoren je 477,2 kW (649 PS) und einziehbarem Fahrgestell; letzte dreimotorige Fokker

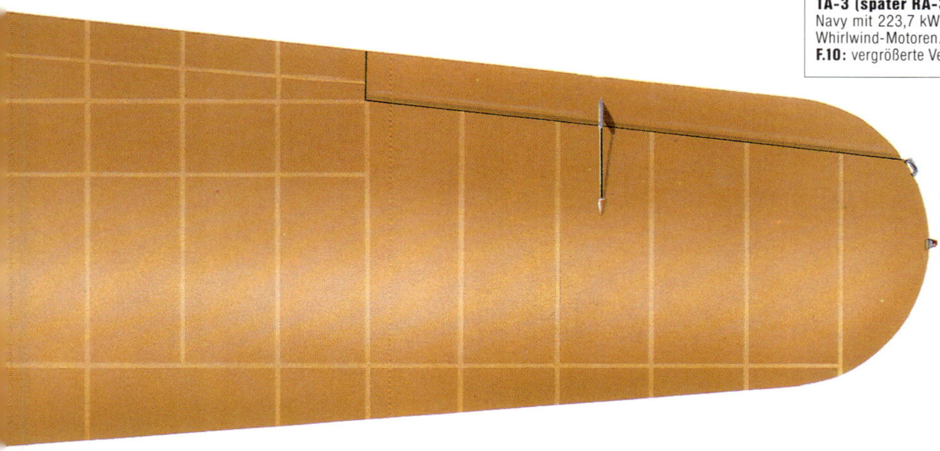

Handley Page H.P.42E/W

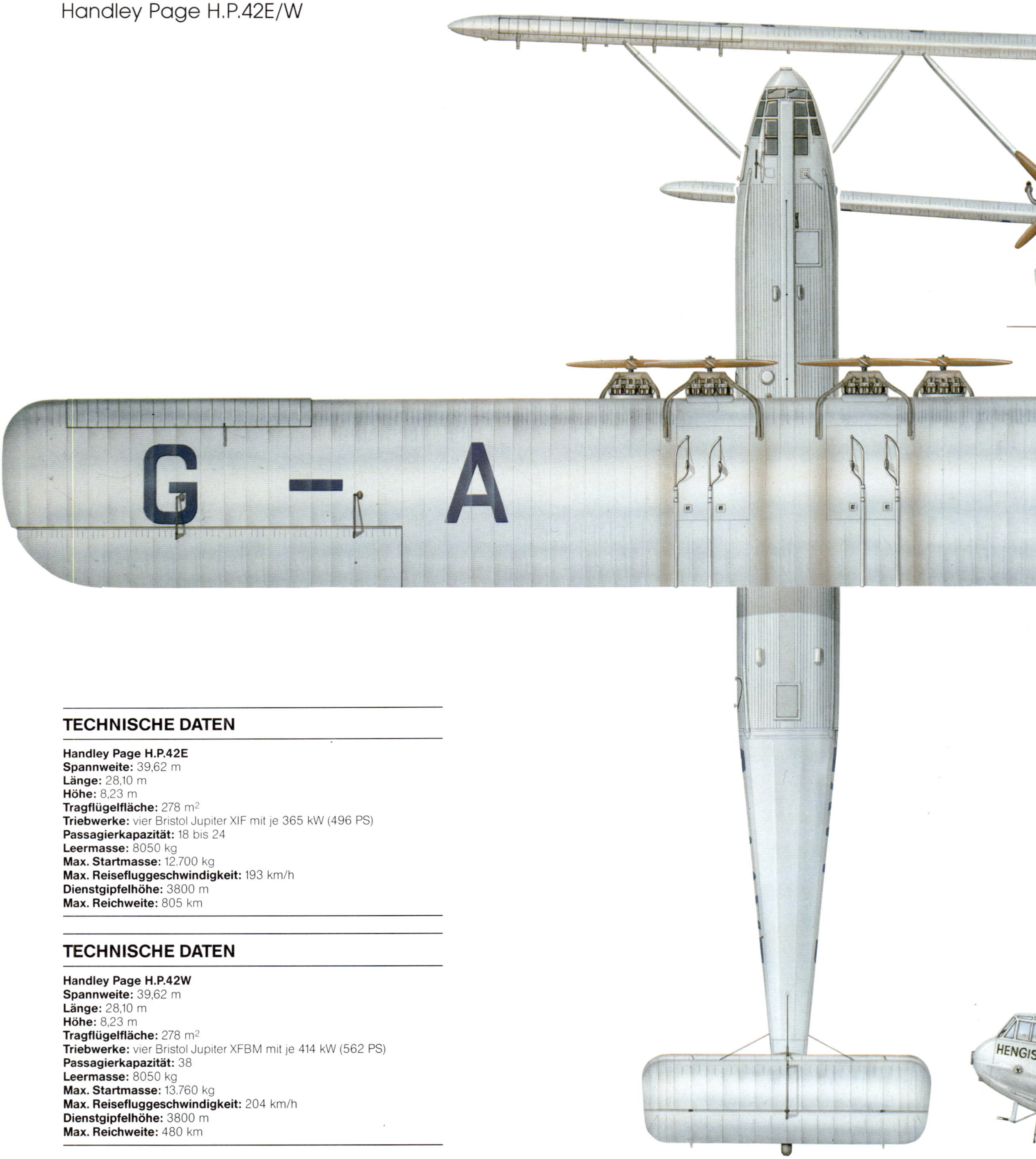

TECHNISCHE DATEN

Handley Page H.P.42E
Spannweite: 39,62 m
Länge: 28,10 m
Höhe: 8,23 m
Tragflügelfläche: 278 m²
Triebwerke: vier Bristol Jupiter XIF mit je 365 kW (496 PS)
Passagierkapazität: 18 bis 24
Leermasse: 8050 kg
Max. Startmasse: 12.700 kg
Max. Reisefluggeschwindigkeit: 193 km/h
Dienstgipfelhöhe: 3800 m
Max. Reichweite: 805 km

TECHNISCHE DATEN

Handley Page H.P.42W
Spannweite: 39,62 m
Länge: 28,10 m
Höhe: 8,23 m
Tragflügelfläche: 278 m²
Triebwerke: vier Bristol Jupiter XFBM mit je 414 kW (562 PS)
Passagierkapazität: 38
Leermasse: 8050 kg
Max. Startmasse: 13.760 kg
Max. Reisefluggeschwindigkeit: 204 km/h
Dienstgipfelhöhe: 3800 m
Max. Reichweite: 480 km

Mit ihren stark verstrebten Tragflächen, dem Fahrwerk und dem Leitwerk hatte die H.P.42 einen „eingebauten Gegenwind", so daß ihre Reisefluggeschwindigkeit selbst zur Zeit ihrer Einführung als sehr niedrig galt. Dennoch setzte der Typ neue Maßstäbe für Zuverlässig-keit und Sicherheit, die schlankere und höherentwickelte Konkurrenten oft nicht erreichten. Zudem konnte die Maschine dank der Stärke und Qualität ihrer Konstruktion auch zahlreiche kleinere Zwischenfälle ver-kraften, die sich während der dreißiger Jahre ereigneten. Zu den vielen besonderen Lei-stungen der „Fliegenden Banane" (wie man den Typ wegen des leicht gekrümmten Rump-fes nannte, der dazu diente, die Einstiegstü-ren für die Passagiere möglichst bodennah installieren zu können) gehörte die Tatsache, daß sie es als erstes kommerzielles Flugzeug auf eine Million Flugmeilen brachte.

Dornier Do X

TECHNISCHE DATEN

Dornier Do X
Typ: Verkehrs-Flugschiff
Triebwerk: 12 luftgekühlte, bei Siemens & Halske lizenzgefertigte Sternmotoren Bristol „Jupiter" mit je 525 PS Spitzenleistung und Vierblatt-Propeller, je zwei in einer Tandem-Gondel; 1930 wurden sie durch wassergekühlte Curtiss Conqueror GV-1570 mit einer Startleistung von je 640 PS ersetzt. Die italienischen Do X2 und Do X3 hatten 12 wassergekühlte Fiat A-22R mit je 580 PS als Antrieb
Leistung: Höchstgeschwindigkeit (je nach Wahl der Motoren) 210 bis 230 km/h; Reisegeschwindigkeit 170 km/h; Dienstgipfelhöhe 1250 m; Reichweite 2300 km
Gewicht: Leergewicht 32.675 kg; maximales Startgewicht 54.000 kg
Abmessungen: Spannweite 48 m; Länge 40,05 m; Gesamthöhe (bei laufenden Propellern) 10,25 m; Tragflügelfläche 486,2 m²
Auslegung: je nach Bestuhlungsplan 66 beziehungsweise 72 Passagiere; offizielle Höchstkapazität 160 Passagiere; bei Standardbestuhlung bis zu 100 Passagiere; beim Rekordflug (21. Oktober 1929) sogar 169 Personen

In dieser Aufmachung überquerte die erste Do X den Atlantik. Angetrieben wurde sie von zwölf Curtiss Conqueror mit einer Startleistung von je 640 PS gegenüber 525 PS der ursprünglich eingebauten Siemens-Jupiter-Motoren. Erst mit den Curtiss-Motoren erreichte die Do X die für einen sicheren und wirtschaftlichen Betrieb erforderliche Dauerleistung.

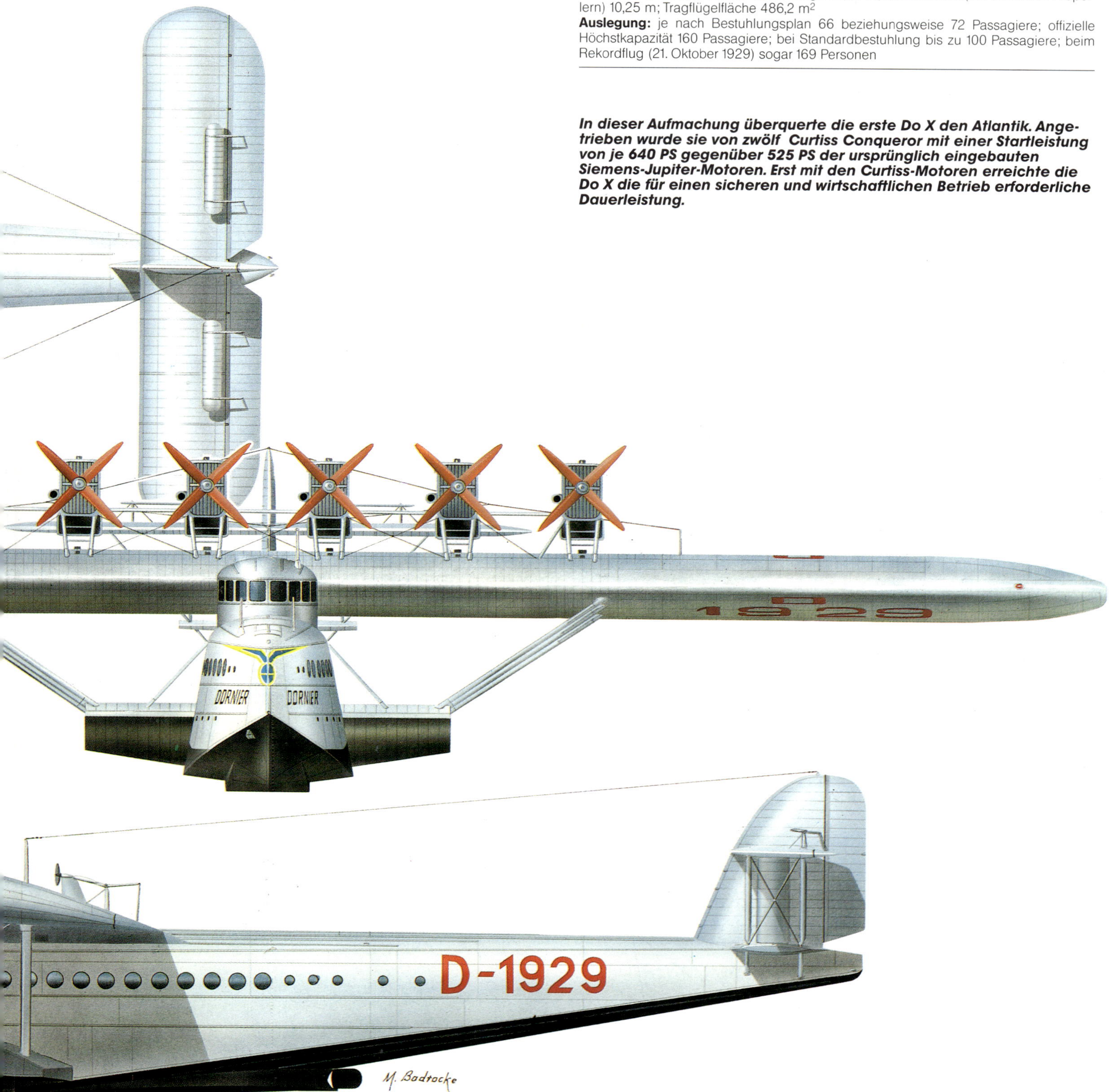

Piper J-3C-65 Cub

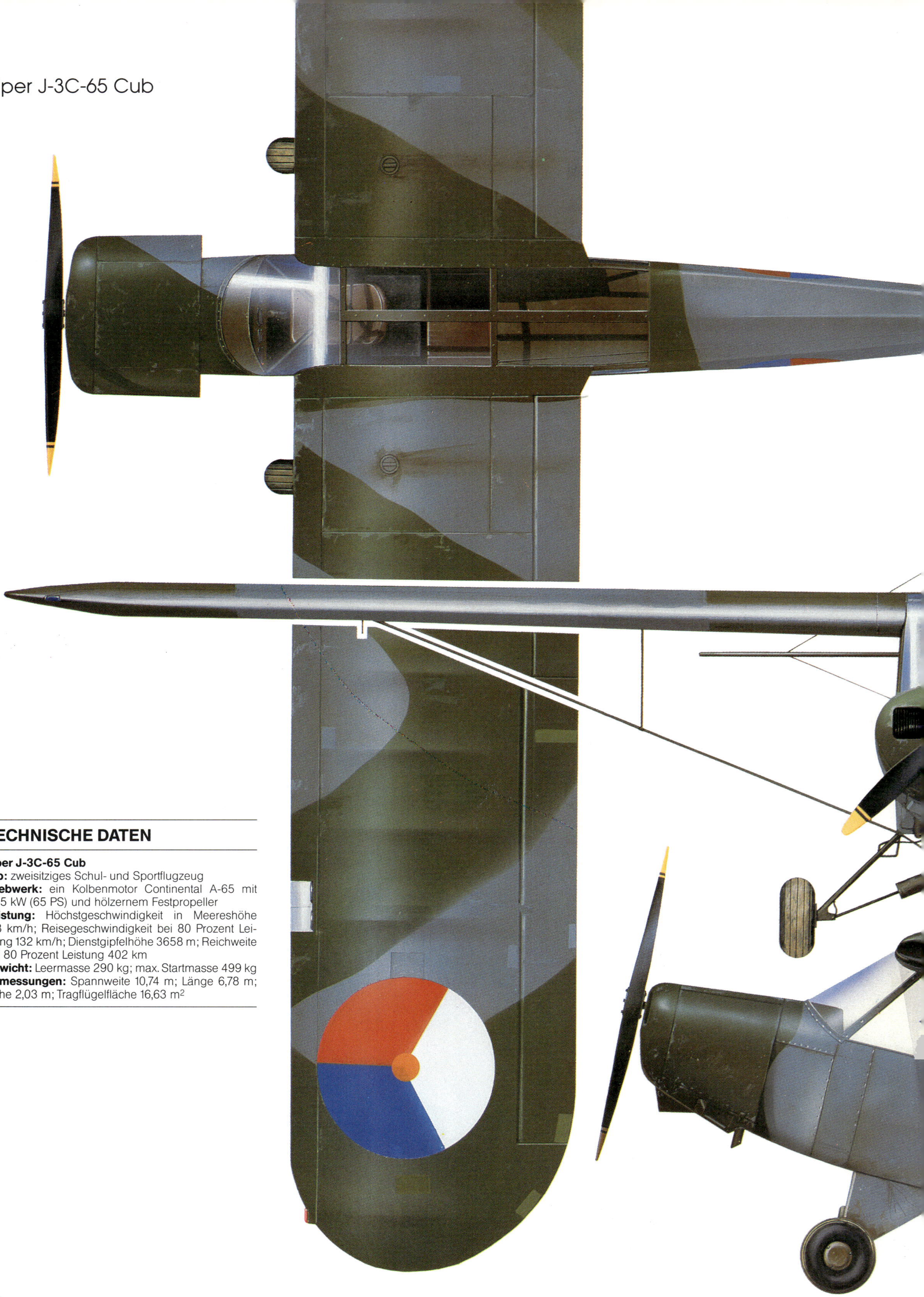

TECHNISCHE DATEN

Piper J-3C-65 Cub
Typ: zweisitziges Schul- und Sportflugzeug
Triebwerk: ein Kolbenmotor Continental A-65 mit 48,5 kW (65 PS) und hölzernem Festpropeller
Leistung: Höchstgeschwindigkeit in Meereshöhe 148 km/h; Reisegeschwindigkeit bei 80 Prozent Leistung 132 km/h; Dienstgipfelhöhe 3658 m; Reichweite bei 80 Prozent Leistung 402 km
Gewicht: Leermasse 290 kg; max. Startmasse 499 kg
Abmessungen: Spannweite 10,74 m; Länge 6,78 m; Höhe 2,03 m; Tragflügelfläche 16,63 m²

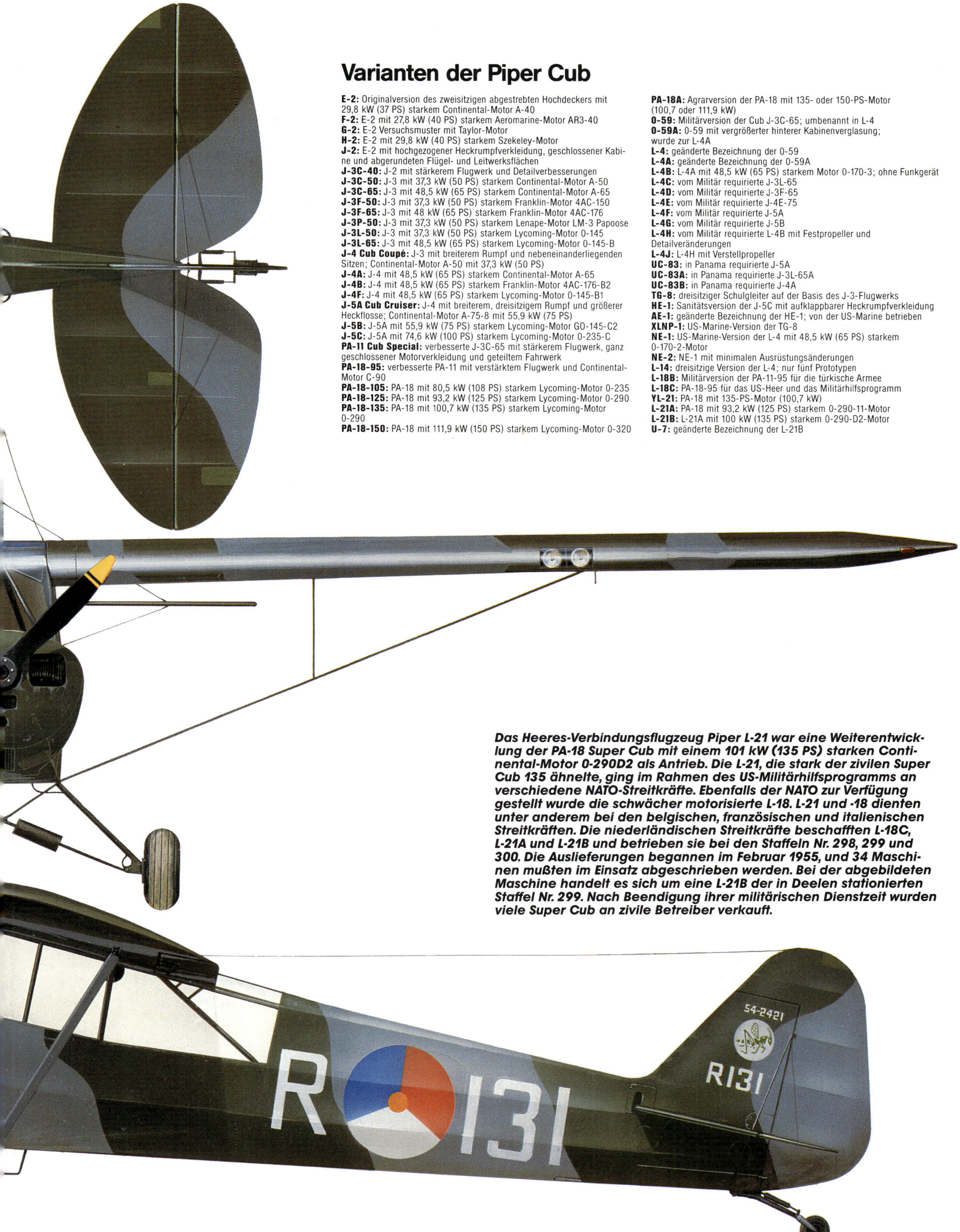

Varianten der Piper Cub

E-2: Originalversion des zweisitzigen abgestrebten Hochdeckers mit 29,8 kW (37 PS) starkem Continental-Motor A-40
F-2: E-2 mit 27,8 kW (40 PS) starkem Aeromarine-Motor AR3-40
G-2: E-2 Versuchsmuster mit Taylor-Motor
H-2: E-2 mit 29,8 kW (40 PS) starkem Szekeley-Motor
J-2: E-2 mit hochgezogener Heckrumpfverkleidung, geschlossener Kabine und abgerundeten Flügel- und Leitwerksflächen
J-3C-40: J-2 mit stärkerem Flugwerk und Detailverbesserungen
J-3C-50: J-3 mit 37,3 kW (50 PS) starkem Continental-Motor A-50
J-3C-65: J-3 mit 48,5 kW (65 PS) starkem Continental-Motor A-65
J-3F-50: J-3 mit 37,3 kW (50 PS) starkem Franklin-Motor 4AC-150
J-3F-65: J-3 mit 48 kW (65 PS) starkem Franklin-Motor 4AC-176
J-3P-50: J-3 mit 37,3 kW (50 PS) starkem Lenape-Motor LM-3 Papoose
J-3L-50: J-3 mit 37,3 kW (50 PS) starkem Lycoming-Motor 0-145
J-3L-65: J-3 mit 48,5 kW (65 PS) starkem Lycoming-Motor 0-145-B
J-4 Cub Coupé: J-3 mit breiterem Rumpf und nebeneinanderliegenden Sitzen; Continental-Motor A-50 mit 37,3 kW (50 PS)
J-4A: J-4 mit 48,5 kW (65 PS) starkem Continental-Motor A-65
J-4B: J-4 mit 48,5 kW (65 PS) starkem Franklin-Motor 4AC-176-B2
J-4F: J-4 mit 48,5 kW (65 PS) starkem Lycoming-Motor 0-145-B1
J-5A Cub Cruiser: J-4 mit breiterem, dreisitzigem Rumpf und größerer Heckflosse; Continental-Motor A-75-8 mit 55,9 kW (75 PS)
J-5B: J-5A mit 55,9 kW (75 PS) starkem Lycoming-Motor GO-145-C2
J-5C: J-5A mit 74,6 kW (100 PS) starkem Lycoming-Motor 0-235-C
PA-11 Cub Special: verbesserte J-3C-65 mit stärkerem Flugwerk, ganz geschlossener Motorverkleidung und geteiltem Fahrwerk
PA-18-95: verbesserte PA-11 mit verstärktem Flugwerk und Continental-Motor C-90
PA-18-105: PA-18 mit 80,5 kW (108 PS) starkem Lycoming-Motor 0-235
PA-18-125: PA-18 mit 93,2 kW (125 PS) starkem Lycoming-Motor 0-290
PA-18-135: PA-18 mit 100,7 kW (135 PS) starkem Lycoming-Motor 0-290
PA-18-150: PA-18 mit 111,9 kW (150 PS) starkem Lycoming-Motor 0-320
PA-18A: Agrarversion der PA-18 mit 135- oder 150-PS-Motor (100,7 oder 111,9 kW)
0-59: Militärversion der Cub J-3C-65; umbenannt in L-4
0-59A: 0-59 mit vergrößerter hinterer Kabinenverglasung; wurde zur L-4A
L-4: geänderte Bezeichnung der 0-59
L-4A: geänderte Bezeichnung der 0-59A
L-4B: L-4A mit 48,5 kW (65 PS) starkem Motor 0-170-3; ohne Funkgerät
L-4C: vom Militär requirierte J-3L-65
L-4D: vom Militär requirierte J-3F-65
L-4E: vom Militär requirierte J-4E-75
L-4F: vom Militär requirierte J-5A
L-4G: vom Militär requirierte J-5B
L-4H: vom Militär requirierte L-4B mit Festpropeller und Detailveränderungen
L-4J: L-4H mit Verstellpropeller
UC-83: in Panama requirierte J-5A
UC-83A: in Panama requirierte J-3L-65A
UC-83B: in Panama requirierte J-4A
TG-8: dreisitziger Schulgleiter auf der Basis des J-3-Flugwerks
HE-1: Sanitätsversion der J-5C mit aufklappbarer Heckrumpfverkleidung
AE-1: geänderte Bezeichnung der HE-1; von der US-Marine betrieben
XLNP-1: US-Marine-Version der TG-8
NE-1: US-Marine-Version der L-4 mit 48,5 kW (65 PS) starkem 0-170-2-Motor
NE-2: NE-1 mit minimalen Ausrüstungsänderungen
L-14: dreisitzige Version der L-4; nur fünf Prototypen
L-18B: Militärversion der PA-11-95 für die türkische Armee
L-18C: PA-18-95 für das US-Heer und das Militärhilfsprogramm
YL-21: PA-18 mit 135-PS-Motor (100,7 kW)
L-21A: PA-18 mit 93,2 kW (125 PS) starkem 0-290-11-Motor
L-21B: L-21A mit 100 kW (135 PS) starkem 0-290-D2-Motor
U-7: geänderte Bezeichnung der L-21B

Das Heeres-Verbindungsflugzeug Piper L-21 war eine Weiterentwicklung der PA-18 Super Cub mit einem 101 kW (135 PS) starken Continental-Motor 0-290D2 als Antrieb. Die L-21, die stark der zivilen Super Cub 135 ähnelte, ging im Rahmen des US-Militärhilfsprogramms an verschiedene NATO-Streitkräfte. Ebenfalls der NATO zur Verfügung gestellt wurde die schwächer motorisierte L-18. L-21 und -18 dienten unter anderem bei den belgischen, französischen und italienischen Streitkräften. Die niederländischen Streitkräfte beschafften L-18C, L-21A und L-21B und betrieben sie bei den Staffeln Nr. 298, 299 und 300. Die Auslieferungen begannen im Februar 1955, und 34 Maschinen mußten im Einsatz abgeschrieben werden. Bei der abgebildeten Maschine handelt es sich um eine L-21B der in Deelen stationierten Staffel Nr. 299. Nach Beendigung ihrer militärischen Dienstzeit wurden viele Super Cub an zivile Betreiber verkauft.

Der Schlüssel für die hervorragenden Flugleistungen der He 70 lag in ihrer für die dreißiger Jahre revolutionären aerodynamischen Gestaltung, die zu den Höhepunkten in der Geschichte des Flugzeugbaus gehört. Der Typ war ganz auf Schnelligkeit hin entworfen und daher fast zwangsläufig nicht sehr wendig. Die Luft Hansa betrieb ihn hauptsächlich auf ihren wichtigsten innerdeutschen Strecken zur Beförderung bedeutender Fluggäste, aber auch als Postzubringer auf der Südamerikaroute. Auch die Luftwaffe zeigte großes Interesse und bewirkte, daß zwei von drei für die Luft Hansa bestimmte He 70 B entsprechend den Standards der militärischen C-Version umgebaut wurden (Staatssekretär Milch war nicht nur Direktor der Luft Hansa, sondern spielte auch eine wichtige Rolle beim getarnten Aufbau der deutschen Luftwaffe). Abgebildet ist eine dieser Maschinen, die ursprünglich als He 70 B begonnen, dann aber als militärisches Verbindungsflugzeug He 70 C fertiggestellt wurde.

Heinkel He 70 G-1

TECHNISCHE DATEN

Heinkel He 70 G-1
Spannweite: 14,80 m
Länge: 11,50 m
Höhe: 3,10 m
Flügelfläche: 36,50 m^2
Triebwerk: ein Zwölf-Zylinder-V-Motor BMW VI 7,3 Z mit 750 PS
Fluggastkapazität: vier (plus ein Notsitz im Führerraum)
Leermasse: 2300 kg
Max. Startmasse: 3310 kg
Höchstgeschwindigkeit: 355 km/h
Reisegeschwindigkeit: 310 km/h
Dienstgipfelhöhe: 6000 m
Max. Reichweite: 800 km

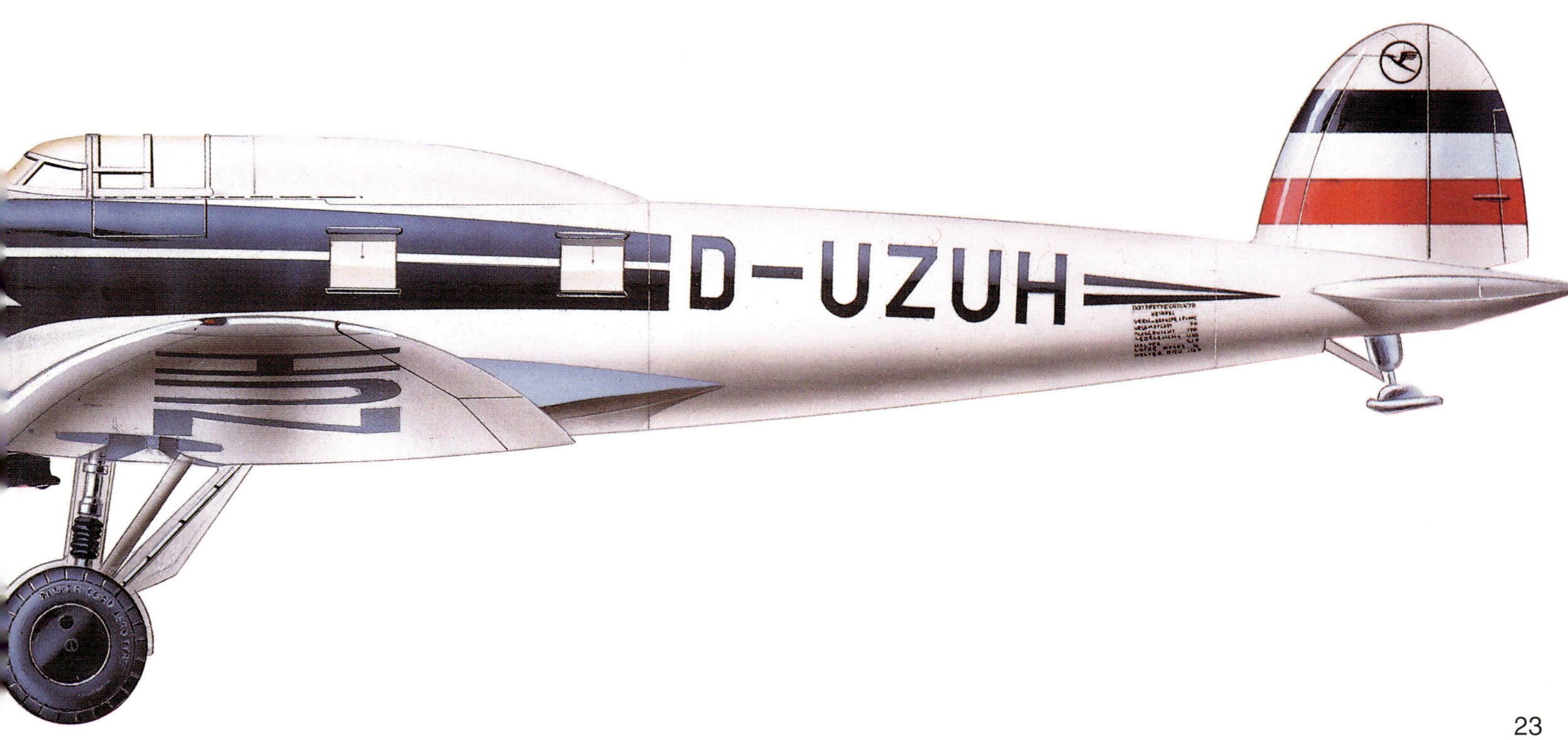

Short S.20 Mercury und Short S.21 Maia

Varianten der zivilen Short-Flugboote

S.20 Mercury: oberer Bestandteil der Short-Mayo Composite. Mit versiegelten Schwimmertanks für Langstrecken-Rekordflug ausgestattet; nur ein Exemplar gebaut.
S.21 Maia: unterer Bestandteil der Short-Mayo Composite. Ähnlich wie die S.23, aber mit größerer Flügelfläche (bei gleicher Spannweite), größeren Schwimmern und größerem Leitwerk. Höhenflosse zum aerodynamischen Ausgleich des oberen Bestandteils verlängert. Kräftiges Trägertransportgestell oben auf dem Rumpf. Nur ein Exemplar gebaut.
S.23 Empire-Flugboot „C-Klasse“: Basismodell der Short-Flugbootfamilie. Zwei Prototypen, darunter eine Langstreckenvariante mit Zusatztanks. Zwei Produktionsserien für Imperial Airways von zwölf bzw. 14 Exemplaren. Drei für QANTAS.
S.25 Sunderland: auf der C-Klasse basierende Militärversion zur U-Boot-Abwehr. Einige Sunderland Mk III flogen während des Zweiten Weltkriegs mit einfachster Sitzausstattung für BOAC. 19 spätere Umwandlungen für BOAC, vier für RNZAF Flying Boat Transport Flight, (nach dem Krieg) drei für CAUSA (Uruguay), zwei für Aerolineas Argentinas, drei für Trans-Oceanic Airways.
S.26 „G-Klasse“: größere Version der S.23 mit windschlüpfrigerem Rumpf und niedrigerem Cockpitprofil. Auch als Golden-Hind-Klasse bezeichnet. Im Zweiten Weltkrieg für die RAF mit Suchradar und Heckwaffenturm versehen, die nach dem Krieg für BOAC wieder entfernt wurden. Daher längerer Heckkonus bei Zivilversion. Drei Exemplare für Imperial gebaut.
S.30 Empire-Flugboote „C-Klasse“: verbesserte Version der S.23 mit Perseus-XIIC-Schiebermotor. Verstärkungen zur Erhöhung des Startgewichts und der Treibstoffmenge für 2415 km. Einige von Handley Page für Luftbetankung ausgerüstet. Neun Exemplare für Imperial und QANTAS gebaut.
S.33 Empire-Flugboote „C-Klasse: weiter verbesserte Variante als Nachfolgemodell für Imperial Airways. Verstärkter Rumpf und Pegasus-XI-Triebwerke; später zur Erhöhung des Startgewichts auf 24.040 kg mit Pegasus XXII ausgestattet. Zwei Exemplare fertiggestellt, ein drittes unvollendet.
Hythe: Sunderland Mk III mit voller Linien-Innenausstattung. Erste Version mit 16 Sitzen, spätere mit Promenadendeck oder acht zusätzlichen Plätzen.
Sandringham Mk 1: ehemalige Sunderland Mk III der BOAC mit windschlüpfriger Nase und spitzem Heckkonus. Innenausstattung mit 24 Sitzen (Tagflüge) bzw. 16 Schlafkojen (Nachtflüge) mit Speiseabteil und Cocktailbar. Ein umgearbeitetes Exemplar für BOAC.
Sandringham Mk 2: Binnenstrecken-Version für Dodero, 45 Plätze. Drei aus Sunderlands umgearbeitete Exemplare.
Sandringham Mk 3: Langstrecken-Version für Dodero, 21 Plätze mit Speiseabteil und Bar; zwei aus Sunderlands entstandene Exemplare.
Sandringham Mk 4: TEAL-Version mit Sitzen für 30 Passagiere; vier umgewandelte Exemplare.
Sandringham Mk 5: auch als Plymouth-Klasse bekannt. Mit 22 Sitzen (Tagflüge) oder 16 Schlafkojen (Nachtflüge) in nur einem Deck. Pratt & Whitney-R-1830-90D-Twin-Wasp-Triebwerke. Neun Sunderland-Umbauten für BOAC.
Sandringham Mk 6: mit 37 Sitzen für Tagflüge auf zwei Flugdecks. ASV-6C-Radar und andere Ausrüstung für Einsatz im hohen Norden. Fünf Umbauten für DNL.
Sandringham Mk 7: verbesserte Version mit 30 Sitzen für BOACs Fernost-Routen. Drei umgearbeitete Exemplare.
„Beinahe-Sandringham“: ehemalige Sunderland der RNZAF, für Ansett 1963 in Australien auf Sandringham-Standard getrimmt, aber mit anderem Bugprofil. Drei Umbauten.
Solent Mk 1: angebotene Zivilversion der Seaford
S.45A Solent Mk 2: die von BOAC bestellten Solent 1 wurden im Laufe der Fertigung mit 34 Sitzen zu Mk 2 umgewandelt. Hercules-637-Triebwerke. Zwölf Exemplare gebaut.
Solent Mk 3: übriggebliebene Seafords, mit 39 Sitzen zu Linienmodellen umgearbeitet. Sechs Umwandlungen für BOAC, eine für Aquila.
Solent Mk 4: schwerere Version mit Hercules-733-Triebwerken und erhöhtem Treibstoff-Fassungsvermögen. 44 Sitze. Vier Exemplare für TEAL.

Technische Daten

Short S.20 Mercury (in Rekord-Konfiguration)
Typ: Langstrecken-Postflugzeug mit zwei Schwimmern
Triebwerk: vier Napier-Halford-Rapier-VI-Reihenmotoren
Leistung: Höchstgeschwindigkeit 339 km; Reichweite ab Trennung von Maia 9820 km
Gewicht: Leermasse 4614 kg; Gesamtflugmasse (allein) 7030 kg; Gesamtflugmasse (Rekord) 12.160 kg
Abmessungen: Spannweite 22,20 m; Länge 15,50 m; Flügelfläche 56,8 m²

Technische Daten

Short S.21 Maia
Typ: Trägerflugboot für Postflugzeug Mercury
Triebwerk: vier Bristol-Pegasus-Sternmotoren
Leistung: Höchstgeschwindigkeit 322 km/h; Dienstgipfelhöhe 6100 m; Reichweite 1360 km
Gewicht: Leermasse 1234 kg; Gesamtflugmasse (allein) 17.252 kg; Maximalmasse (zum Mercury-Transport) 12.580 kg
Abmessungen: Spannweite 34,70 m; Länge 25,9 m; Flügelfläche 162,52 m²

Die Short-Mayo Composite eröffnete ein neues Kapitel in der Geschichte der Luftfahrt. Die S.21 Maia absolvierte am 27. Juli 1937 ihren Jungfernflug; die S.20 Mercury folgte am 5. September des gleichen Jahres. Am 20. Januar 1938 erfolgte der erste gemeinsame Huckepack-Flug der beiden, und am 5. Februar gelang die erste erfolgreiche Trennung. Nach weiteren offiziellen Versuchen in Felixstowe kam am 21. Juli die große Feuerprobe für die Mercury, als sie sich über der irischen Stadt Foynes mit einer Ladung Zeitungen und Pressephotos an Bord „selbständig" machte und Kurs auf Nordamerika nahm. Gut zwanzig Stunden später landete sie wohlbehalten mit restlichen 360 Litern Treibstoff im Tank in Boucherville bei Montreal. Nach einem Anschlußflug nach New York kehrte sie (in kürzeren Etappen) wieder nach England zurück, wo sie jubelnd empfangen wurde. Nach diesem ersten großen Erfolg sollte die Composite einen neuen Langstrecken-Rekord für Wasserflugzeuge aufstellen. Nach ihrer Trennung von der Maia am 6. Oktober über Dundee flog die leicht abgeänderte Mercury gut 42 Stunden lang nach Süden. Ihr geplantes Ziel Kapstadt erreichte sie wegen zahlreicher unglücklicher Umstände zwar nicht, aber als sie auf dem Orange River landete, hatte sie dennoch mit 9652 km einen neuen Nonstop-Rekord aufgestellt. Später flog die Composite kurze Zeit für BOAC, wurde aber dann mit Ausbruch des Zweiten Weltkriegs wieder auseinandergebaut (ihre obere Hälfte, die Mercury, wurde von der RAF eingezogen). Beide Komponenten wurden 1941 zerstört – die Mercury vom Schrotthändler in Rochester, die Maia bei einem Bombenangriff der deutschen Luftwaffe auf Poole.

Lockheed 14 Super Electra

TECHNISCHE DATEN

Lockheed 14 Super Electra
Typ: Mittelstrecken Verkehrs- und Geschäftsflugzeug
Triebwerke: zwei Sternmotoren Wright SGR-1820-F62 Cyclone mit einer Nennleistung von je 671 kW (913 PS)
Leistung: Höchstgeschwindigkeit 402 km/h; Reisegeschwindigkeit 367 km/h; Dienstgipfelhöhe 7468 m; max. Reichweite 2558 km; Reichweite mit Höchstnutzlast 1368 km
Gewicht: Leermasse 4876 kg; max. Startmasse 7938 kg
Abmessungen: Spannweite 19,96 m; Länge 13,51 m; Höhe 3,48 m; Tragflügelfläche 51,19 m²
Besatzung/Passagiere: zwei (Cockpit) und Bestuhlung für zehn bis 14 Passagiere

Die Super Electra 14-N, die Howard Hughes zu seinem Rund-um-die-Welt-Flug nutzte, erhielt keinen Anstrich, um Gewicht zu sparen. Zusätzliche, in der Kabine eingebaute Tanks (die einen Großteil der Fenster versperrten) erhöhten das Kraftstoffvolumen um 286 Prozent auf 6.980 Liter. Mitgeführt wurden auch eine Notausrüstung und rumpfinstallierte Schwimmbehälter. Außer Hughes waren noch vier Mann an Bord: Kopilot, Navigator, Funker und Flugingenieur. Bei seinem Rekordflug legten Hughes und seine Besatzung bei einer Durchschnittsgeschwindigkeit von 331,6 km/h 23.612 km zurück.

S.A.
NX18973
U.S.A.
NX
18973

Boeing 314A

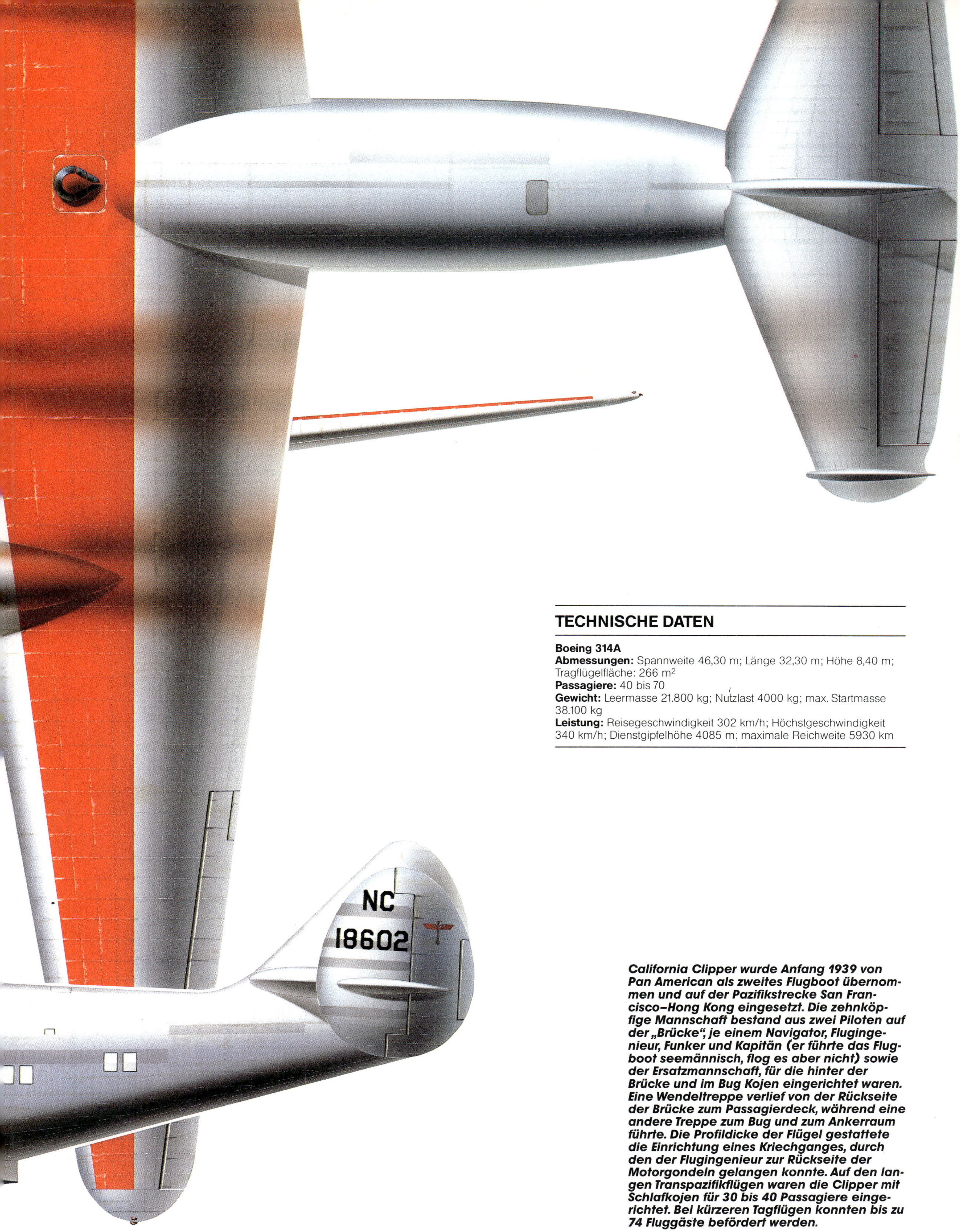

TECHNISCHE DATEN

Boeing 314A
Abmessungen: Spannweite 46,30 m; Länge 32,30 m; Höhe 8,40 m; Tragflügelfläche: 266 m²
Passagiere: 40 bis 70
Gewicht: Leermasse 21.800 kg; Nutzlast 4000 kg; max. Startmasse 38.100 kg
Leistung: Reisegeschwindigkeit 302 km/h; Höchstgeschwindigkeit 340 km/h; Dienstgipfelhöhe 4085 m; maximale Reichweite 5930 km

California Clipper wurde Anfang 1939 von Pan American als zweites Flugboot übernommen und auf der Pazifikstrecke San Francisco–Hong Kong eingesetzt. Die zehnköpfige Mannschaft bestand aus zwei Piloten auf der „Brücke", je einem Navigator, Flugingenieur, Funker und Kapitän (er führte das Flugboot seemännisch, flog es aber nicht) sowie der Ersatzmannschaft, für die hinter der Brücke und im Bug Kojen eingerichtet waren. Eine Wendeltreppe verlief von der Rückseite der Brücke zum Passagierdeck, während eine andere Treppe zum Bug und zum Ankerraum führte. Die Profildicke der Flügel gestattete die Einrichtung eines Kriechganges, durch den der Flugingenieur zur Rückseite der Motorgondeln gelangen konnte. Auf den langen Transpazifikflügen waren die Clipper mit Schlafkojen für 30 bis 40 Passagiere eingerichtet. Bei kürzeren Tagflügen konnten bis zu 74 Fluggäste befördert werden.

Die zweite G 38 erlebte die längste Einsatzdauer und führte drei unterschiedliche Kennungen. Der Erstflug fand 1932 statt, die Zulassung erfolgte im Juni desselben Jahres, und im Juli stellte die Deutsche Lufthansa sie in Dienst. Mit der Registrierung D-2500 beflog die G 38 neben innerdeutschen Verbindungen von Berlin aus verschiedene Strecken, wie Wien-Rom, Amsterdam-London, Danzig-Königsberg und Linien zu den skandinavischen Ländern. Im neuen Luftfahrzeugregister von 1934 war sie als D-APIS eingetragen, und als solche flog sie bei der Lufthansa noch bis 1939. Im September wurde die Maschine eingezogen und diente bei der KGrzbV 172 mit der Kennung GF-GG.

TECHNISCHE DATEN

Junkers G 38ce
Typ: viermotorige Passagiermaschine
Triebwerke: vier flüssigkeitsgekühlte 750 PS starke Zwölf-Zylinder-Reihenmotoren Junkers L 88a, die Vierblatt-Holzpropeller mit einem Durchmesser von 4,50 m antrieben
Leistung: Höchstgeschwindigkeit 210 km/h; Reisegeschwindigkeit 185 km/h; Dienstgipfelhöhe 3100 m; Steigleistung in Meereshöhe 2,95 m/sek; Steigzeit auf 3000 m Höhe 34 Minuten; Flugdauer bei Reisegeschwindigkeit 10 Stunden; Startstrecke 400 m; Landestrecke 260 m; Landegeschwindigkeit 93 km/h
Gewicht: Leermasse 16.400 kg; max. Startmasse 23.000 kg
Abmessungen: Spannweite 44 m; Länge 23,20 m; Höhe 7,20 m; Tragflügelfläche 305 m²
Besatzung/Passagiere: siebenköpfige Besatzung (Flugkapitän, zwei Flugzeugführer, ein Funker, zwei Mechaniker und ein Steward); in der Regel Sitzeinrichtung für 32–34 Fluggäste

IS
APIS
Wyllie

Ein typischer Vertreter der von United in großer Zahl betriebenen Modell 247D ist diese Maschine mit der Ende der dreißiger Jahre gültigen Flugzeugkennzeichnung. Sie wurde zu einem Meilenstein in der Geschichte der Zivilluftfahrt, aber auch zum Opfer ihres eigenen Erfolges. Sie war ihren Rivalinnen in bezug auf Geschwindigkeit und Komfort so weit voraus, daß UALs Mitbewerber sofort reagieren mußten und neue, konkurrenzfähige Passagierflugzeuge in Auftrag gaben. Dazu gehörte auch die Douglas DC-2, die der Modell 247 nicht nur ebenbürtig, sondern in einigen Bereichen sogar überlegen war. Es folgten die DST und die DC-3, eine der wirklich „Großen", die damals ihren bis heute unerreichten „Höhenflug" antrat und die Modell 247 schon nach kurzer Zeit aus ihrer Position als Spitzenreiterin verdrängte.

Boeing Modell 247

TECHNISCHE DATEN

Boeing Modell 247
Spannweite: 22,50 m
Länge: 15,60 m
Höhe: 4,70 m
Tragflügelfläche: 77,60 m^2
Triebwerke: zwei Pratt & Whitney R-1340-S1D1 Wasp mit je 410 kW (550 PS)
Passagierkapazität: Zehn
Leermasse: 3810 kg
Max. Startmasse: 5440 kg
Höchstgeschwindigkeit: 292 km/h
Reisegeschwindigkeit: 250 km/h
Dienstgipfelhöhe: 5610 m
Max. Reichweite: 780 km

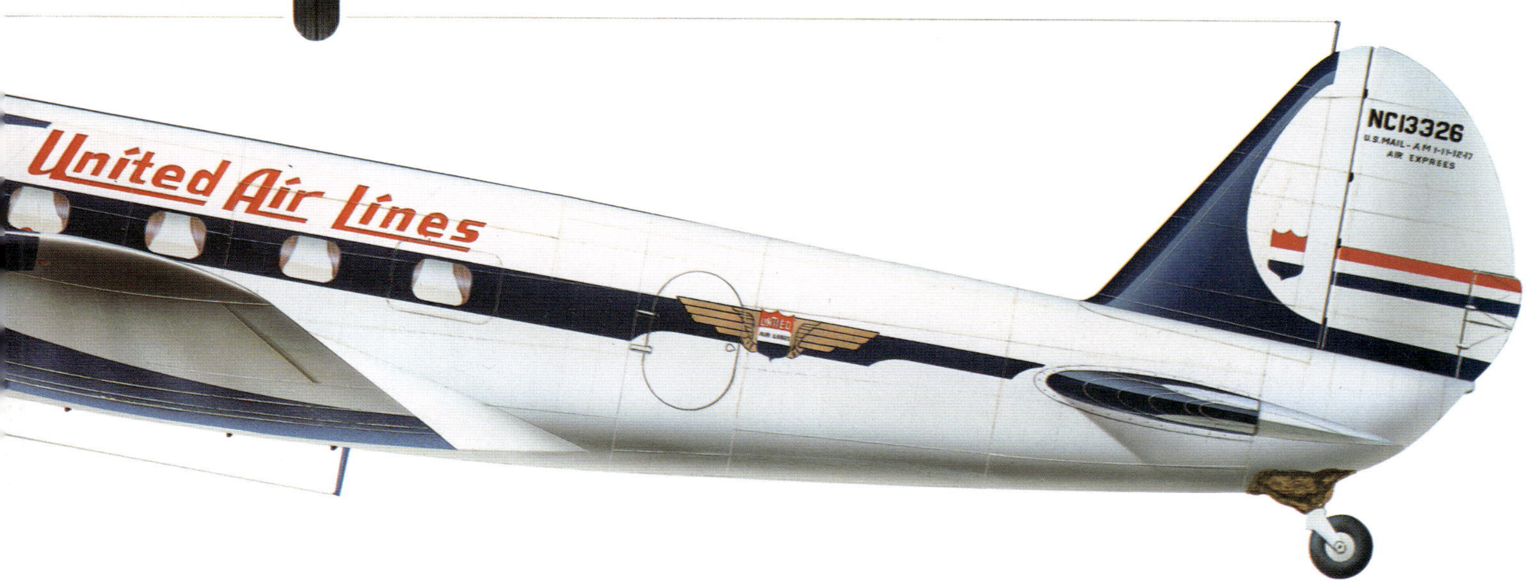

Lockheed Vega 5C und Lockheed Sirius DL-2

TECHNISCHE DATEN

Lockheed Vega 5C
Spannweite: 12,50 m
Länge: 8,38 m
Höhe: 2,60 m
Tragflügelfläche: 25,50 m^2
Triebwerk: ein Sternmotor Wasp Pratt & Whitney mit 336 kW (456 PS)
Passagierkapazität: sechs
Leermasse: 1163 kg
Max. Startmasse: 2041 kg
Höchstgeschwindigkeit: 298 km/h
Reisegeschwindigkeit: 266 km/h
Dienstgipfelhöhe: 5791 m
Max. Reichweite: 1167 km

TECHNISCHE DATEN

Lockheed Sirius DL-2
Spannweite: 13 m
Länge: 8,50 m
Höhe: 2,80 m
Tragflügelfläche: 27,30 m^2
Triebwerk: ein Sternmotor Wasp Pratt & Whitney mit 313 kW (425 PS)
Passagierkapazität: einer
Leermasse: 1342 kg
Max. Startmasse: 2345 kg
Höchstgeschwindigkeit: 282 km/h
Reisegeschwindigkeit: 233 km/h
Dienstgipfelhöhe: 5486 m
Max. Reichweite: 1569 km

Die „Winnie Mae", eine Vega 5B, wurde rasch eines der berühmtesten Flugzeuge der Welt, als Wiley Post mit ihr das Nationale Luftrennen gewann, dann einen Rekordflug rund um die Welt absolvierte und schließlich noch eine Reihe von Höhen- und transkontinentalen Streckenrekorden versuchte. Ohne Frage bewies Post mit seinen Unternehmungen auch die schier unverwüstliche Qualität dieser Konstruktion von Jack Northrop. Glücklicherweise entging die „Winnie Mae" einem vorzeitigen Ende und ist jetzt eines der Prunkstücke des National Air and Space Museum in Washington. Post selbst hatte nicht soviel Glück. Er kam bei einem Startversuch während seines dritten Weltumrundungsflugs ums Leben.

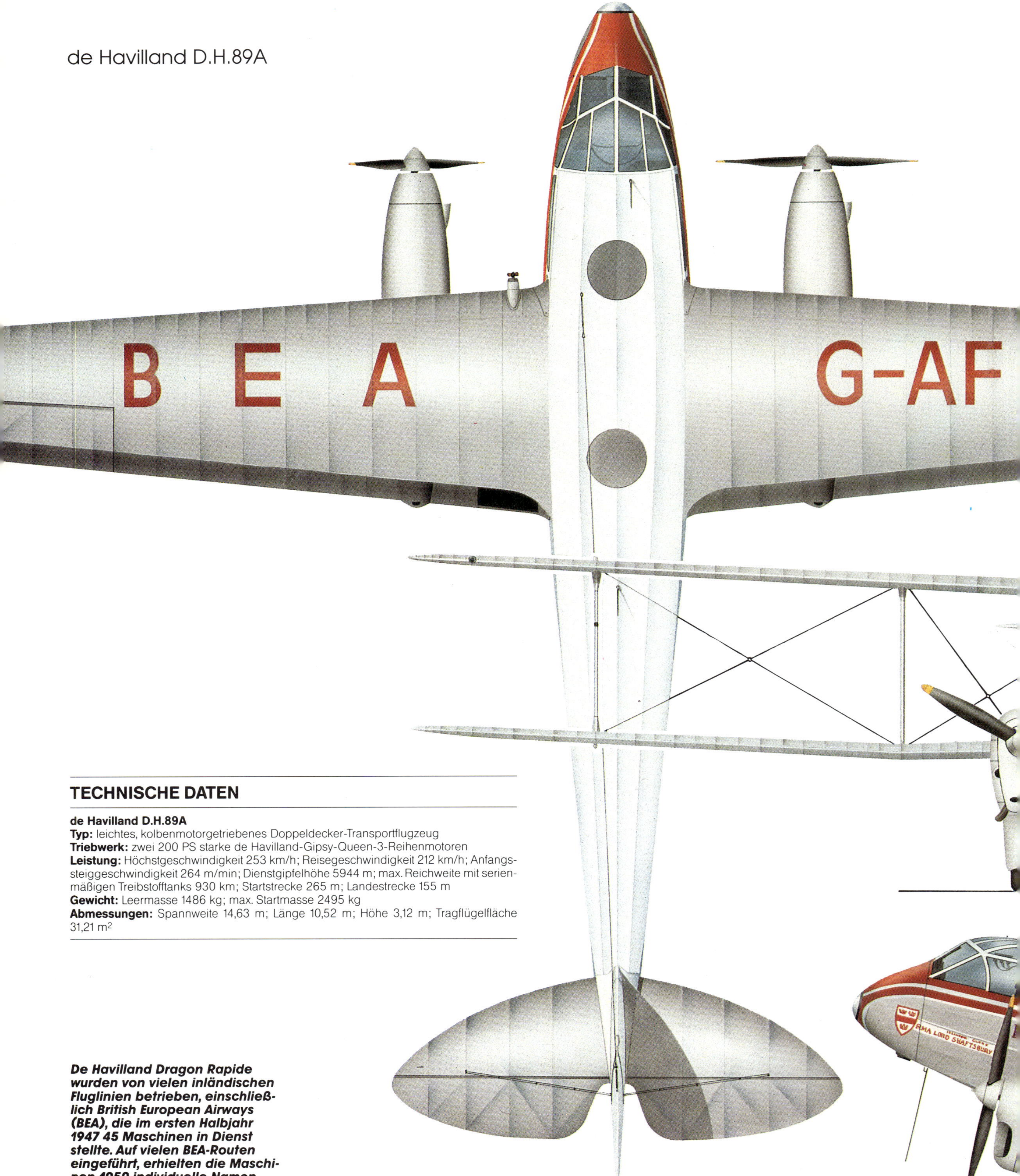

TECHNISCHE DATEN

de Havilland D.H.89A
Typ: leichtes, kolbenmotorgetriebenes Doppeldecker-Transportflugzeug
Triebwerk: zwei 200 PS starke de Havilland-Gipsy-Queen-3-Reihenmotoren
Leistung: Höchstgeschwindigkeit 253 km/h; Reisegeschwindigkeit 212 km/h; Anfangssteiggeschwindigkeit 264 m/min; Dienstgipfelhöhe 5944 m; max. Reichweite mit serienmäßigen Treibstofftanks 930 km; Startstrecke 265 m; Landestrecke 155 m
Gewicht: Leermasse 1486 kg; max. Startmasse 2495 kg
Abmessungen: Spannweite 14,63 m; Länge 10,52 m; Höhe 3,12 m; Tragflügelfläche 31,21 m²

De Havilland Dragon Rapide wurden von vielen inländischen Fluglinien betrieben, einschließlich British European Airways (BEA), die im ersten Halbjahr 1947 45 Maschinen in Dienst stellte. Auf vielen BEA-Routen eingeführt, erhielten die Maschinen 1950 individuelle Namen. Später flogen sie beim sogenannten Islander-Flugdienst und bedienten zahlreiche Zielorte an der schottischen Nord- und Westküste sowie andere abgelegene Regionen Großbritanniens.

Varianten der de Havilland Dragon und Dragon Rapide

D.H.84 Dragon I: Doppeldecker mit Kabine für sechs Passagiere, angetrieben von zwei 130 PS-Gipsy-Major-1-Kolbenmotoren
D.H.84 Dragon II: Dragon I mit gerahmten Kabinenfenstern, verkleideten Hauptfahrwerksbeinen und einer um 9 km/h gesteigerten Höchstgeschwindigkeit
D.H.86 Express: vergrößerte Version der D.H.84 mit vier Gipsy-Six-Motoren und größerer Passagierkabine
D.H.89 Dragon Six: weiterentwickelte Dragon mit neuen, nicht beiklappbaren Tragflächen; Konstruktion beruht auf der D.H.86 Express; angetrieben von 200 PS starken Gipsy-Six-Motoren
D.H.89A Dragon Rapide: D.H.89 mit Spreizklappen an den Flügelhinterkanten; einige Exemplare der D.H.89 wurden nachgerüstet
D.H.89B Dominie Mk 1: D.H.89A, von der RAF als Funk- und Navigationstrainer eingesetzt
D.H.89B Dominie Mk 2: Verbindungs-/Transportflugzeugversion der D.H.89B für die RAF
D.H.89A Rapide Mk 2: zivile Nachkriegsversion der Rapide mit Pilot, Bordfunker und sechs Passagiersitzen
D.H.89A Rapide Mk 3: zivile Nachkriegsversion der Rapide mit Pilot und acht Passagiersitzen
D.H.89A Rapide Mk 4: D.H.89A mit 200 PS starken Gipsy-Queen-2-Motoren und Gleichdrehzahlpropellern
D.H.89A Rapide Mk 5: umgerüstete Rapide mit Gipsy-Queen-3MVP-Motoren und manuell verstellbaren Propellern
D.H.89A Rapide Mk 6: Rapide mit Fairey X5-Starrpropellern
D.H.89M: Militärversion der D.H.89A mit vergrößertem Seitenleitwerk, zwei buglafettierten MG Vickers Mk V und offenem, in Rumpfmitte angeordnetem Bordschützenstand mit einem drehkranzlafettierten MG Lewis Mk III

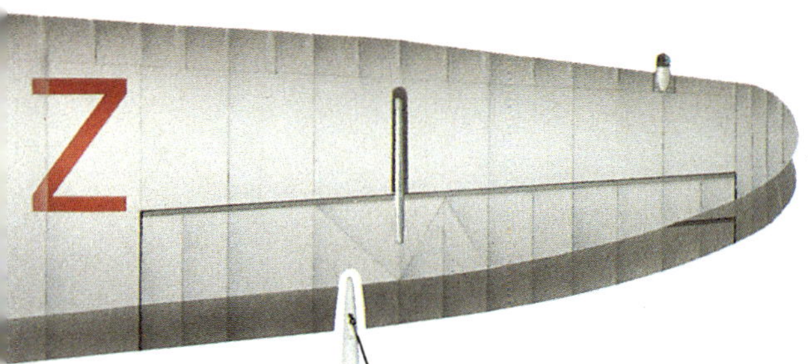

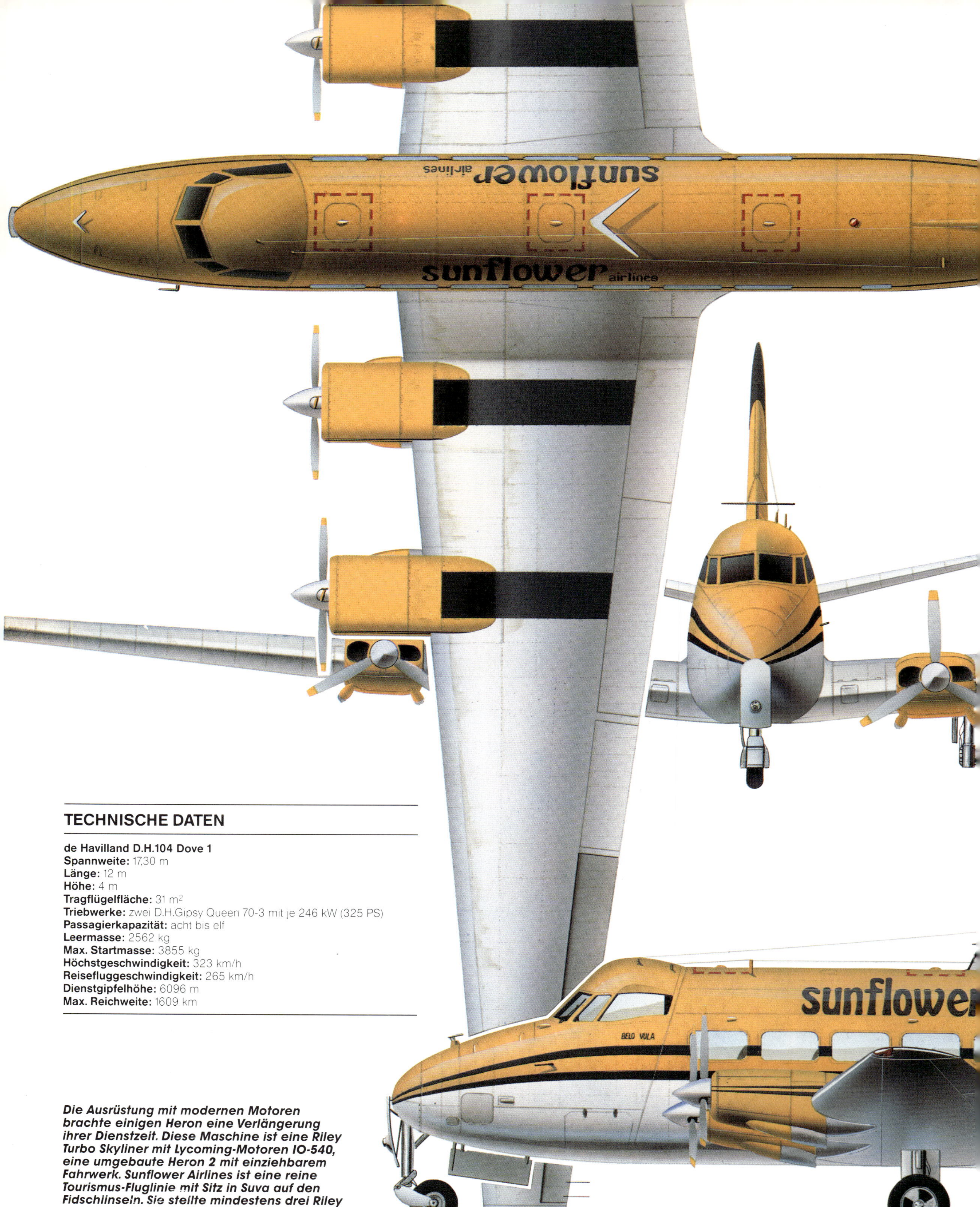

TECHNISCHE DATEN

de Havilland D.H.104 Dove 1
Spannweite: 17,30 m
Länge: 12 m
Höhe: 4 m
Tragflügelfläche: 31 m^2
Triebwerke: zwei D.H.Gipsy Queen 70-3 mit je 246 kW (325 PS)
Passagierkapazität: acht bis elf
Leermasse: 2562 kg
Max. Startmasse: 3855 kg
Höchstgeschwindigkeit: 323 km/h
Reisefluggeschwindigkeit: 265 km/h
Dienstgipfelhöhe: 6096 m
Max. Reichweite: 1609 km

Die Ausrüstung mit modernen Motoren brachte einigen Heron eine Verlängerung ihrer Dienstzeit. Diese Maschine ist eine Riley Turbo Skyliner mit Lycoming-Motoren IO-540, eine umgebaute Heron 2 mit einziehbarem Fahrwerk. Sunflower Airlines ist eine reine Tourismus-Fluglinie mit Sitz in Suva auf den Fidschiinseln. Sie stellte mindestens drei Riley Heron in Dienst, als erstes das hier abgebildete Exemplar.

de Havilland D.H.104 Dove 1 und D.H.114 Heron 2B

TECHNISCHE DATEN

de Havilland D.H.114 Heron 2B
Spannweite: 21,80 m
Länge: 14,80 m
Höhe: 4,70 m
Tragflügelfläche: 46 m^2
Triebwerke: vier D.H.Gipsy Queen 30 Mark 2 mit je 186 kW (246 PS)
Passagierkapazität: 14 bis 17
Leermasse: 3610 kg
Max. Startmasse: 5896 kg
Höchstgeschwindigkeit im Reiseflug: 257 km/h
Dienstgipfelhöhe: 5638 m
Max. Reichweite: 1245 km

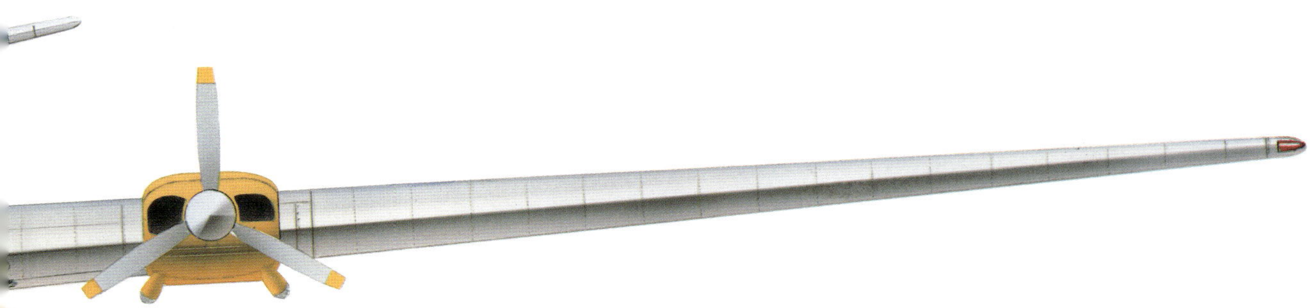

Niedrige Betriebskosten und sofortige Verfügbarkeit machten die Beech 18 und ihre Varianten bei kleinen Fluglinien mit begrenztem Budget außerordentlich beliebt. Außer im Passagierdienst wurden die Beech 18 auch als leichte Frachter intensiv betrieben, besonders in der Karibik und in Lateinamerika. Viele Beech 18 dienten auch dazu, Drogen in die USA zu schmuggeln, da sie robust waren, eine große Reichweite hatten und praktisch überall beschafft werden konnten. Verglichen mit dem Marktwert einer Drogenladung lag ihr Kaufpreis so niedrig, daß die Schmuggler sie nach der Landung einfach stehenließen.

TECHNISCHE DATEN

Beech Modell E18S Super 18
Spannweite: 15,17 m
Länge: 10,75 m
Höhe: 2,92 m
Tragflügelfläche: 33,53 m^2
Triebwerke: zwei Pratt & Whitney R-985 Wasp Junior mit je 335,7 kW (456 PS)
Passagiere: 7 bis 9
Leermasse: 2707 kg
max. Startgewicht: 4128 kg
Höchstgeschwindigkeit: 376 km/h in 1005 m Höhe
Reisegeschwindigkeit: 346 km/h in 3048 m Höhe
Dienstgipfelhöhe: 5943 m
max. Reichweite: 2413 km

Boeing 377-10-28 Stratocruiser

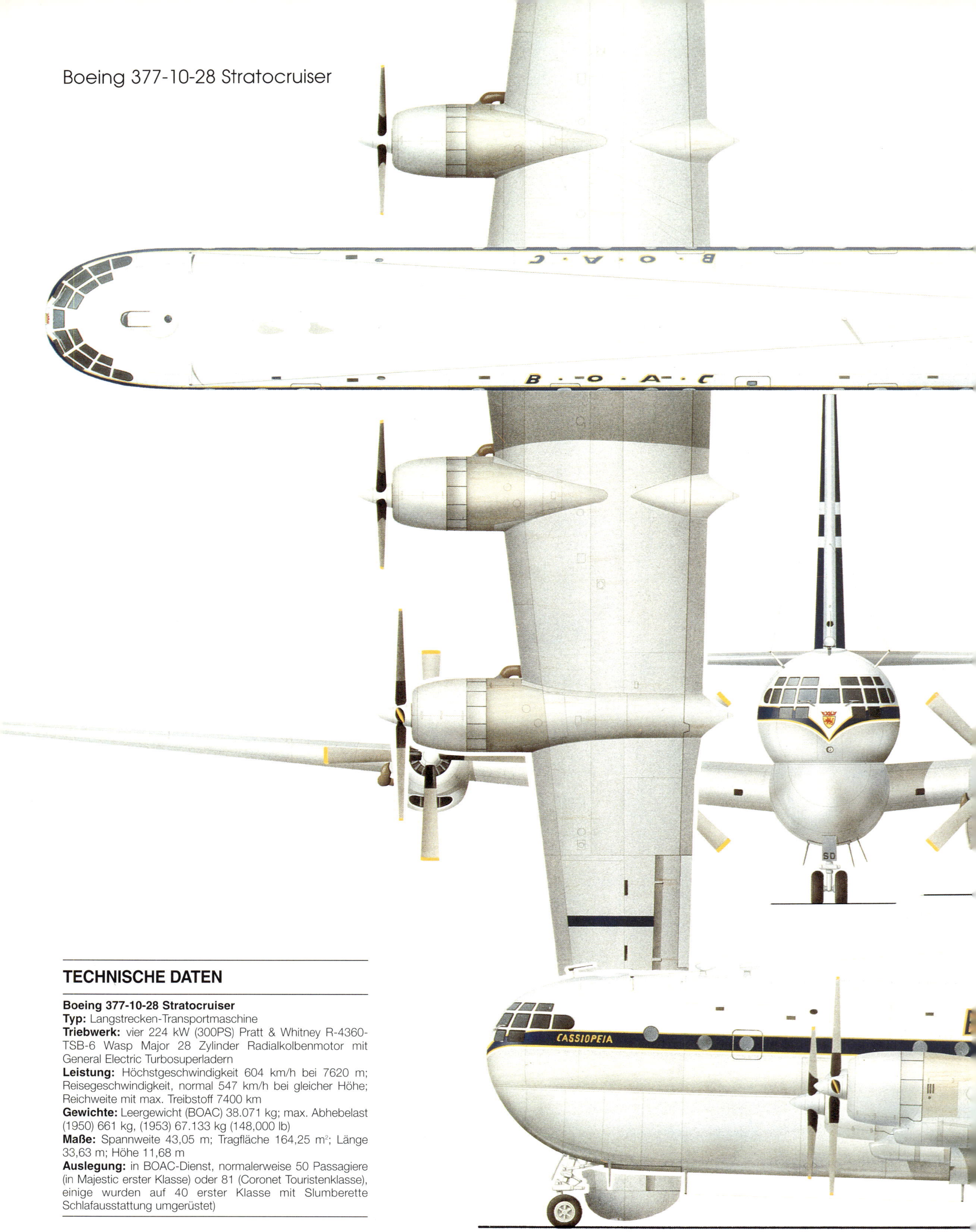

TECHNISCHE DATEN

Boeing 377-10-28 Stratocruiser
Typ: Langstrecken-Transportmaschine
Triebwerk: vier 224 kW (300PS) Pratt & Whitney R-4360-TSB-6 Wasp Major 28 Zylinder Radialkolbenmotor mit General Electric Turbosuperladern
Leistung: Höchstgeschwindigkeit 604 km/h bei 7620 m; Reisegeschwindigkeit, normal 547 km/h bei gleicher Höhe; Reichweite mit max. Treibstoff 7400 km
Gewichte: Leergewicht (BOAC) 38.071 kg; max. Abhebelast (1950) 661 kg, (1953) 67.133 kg (148,000 lb)
Maße: Spannweite 43,05 m; Tragfläche 164,25 m^2; Länge 33,63 m; Höhe 11,68 m
Auslegung: in BOAC-Dienst, normalerweise 50 Passagiere (in Majestic erster Klasse) oder 81 (Coronet Touristenklasse), einige wurden auf 40 erster Klasse mit Slumberette Schlafausstattung umgerüstet)

In der unmittelbaren Nachkriegszeit lösten in Großbritannien starke nationalistische Empfindungen einen Schrei der Entrüstung aus, als 1948 eine Boeing Stratocruiser Flotte angeschafft wurde, während es heute die totale Abhängigkeit von British Airways von amerikanischen Flugzeugen nicht länger umstritten ist. BOAC kaufte sechs Model 377-10-32, die nach den Vorgaben der Fluggesellschaft gebaut wurden und auf die vier 377-10-28 für die SAS gebaute, aber an die Fluggesellschaft weitergeleitete, folgten. G-ALSD war die vierte Ex-SAS-Maschine. Alle 10 wurden nach kurzen S.23 'Empire' Flugbooten benannt. 1954, nach der Außerbetriebnahme des Comet I, kaufte BOAC sieben weitere 'Strats': sechs 377-10-34 von den United Airlines und eine 377-10-26 von Pan Am. Nachdem Cathay (G-ALSA, dem ersten Stratocruiser der Gesellschaft) 1954 am 1. Weihnachtsfeiertag abgestürzt war, blieb eine Gesamtflotte von 16 übrig.

Antonow An-2P/R

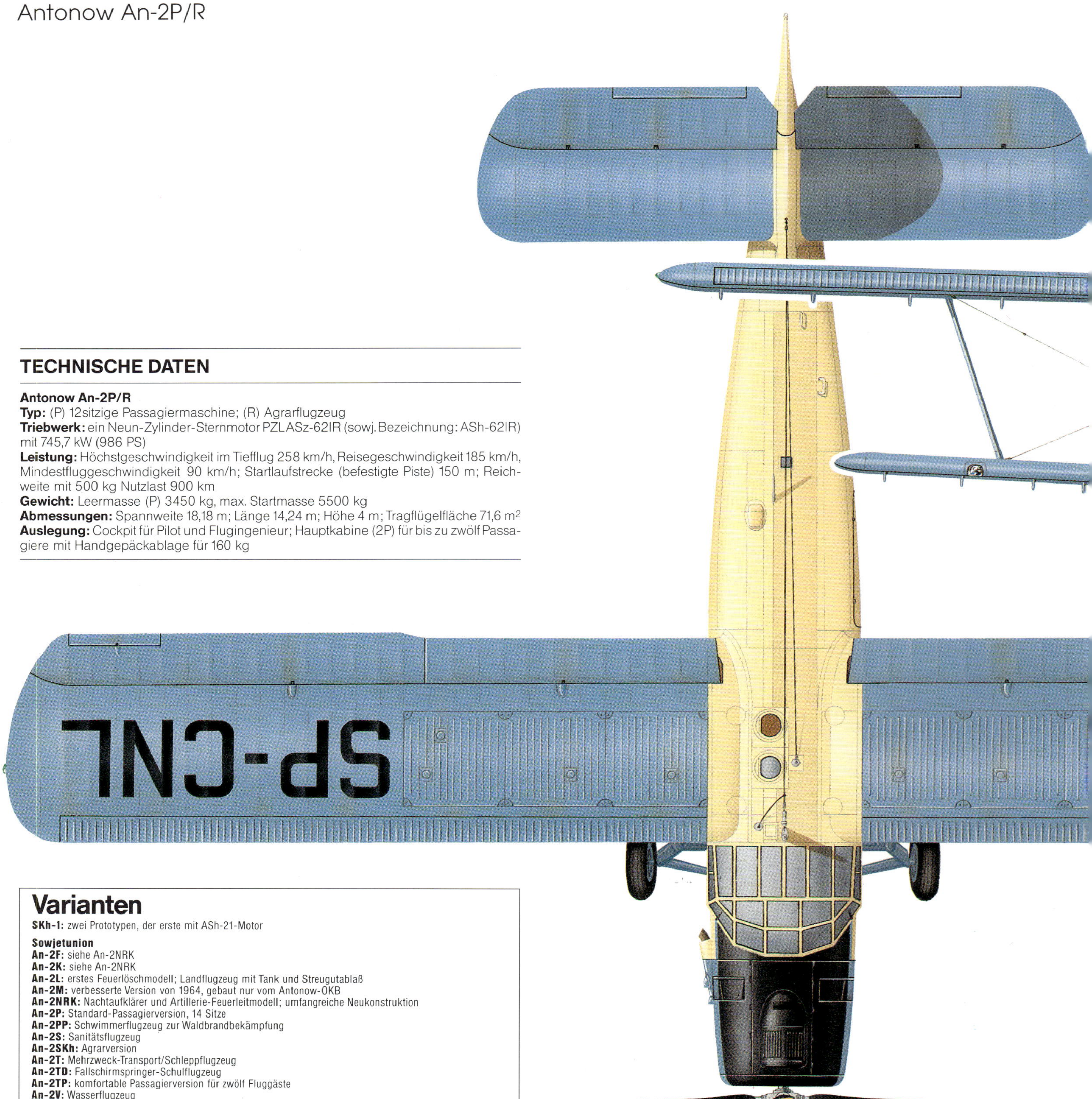

TECHNISCHE DATEN

Antonow An-2P/R
Typ: (P) 12sitzige Passagiermaschine; (R) Agrarflugzeug
Triebwerk: ein Neun-Zylinder-Sternmotor PZL ASz-62IR (sowj. Bezeichnung: ASh-62IR) mit 745,7 kW (986 PS)
Leistung: Höchstgeschwindigkeit im Tiefflug 258 km/h, Reisegeschwindigkeit 185 km/h, Mindestfluggeschwindigkeit 90 km/h; Startlaufstrecke (befestigte Piste) 150 m; Reichweite mit 500 kg Nutzlast 900 km
Gewicht: Leermasse (P) 3450 kg, max. Startmasse 5500 kg
Abmessungen: Spannweite 18,18 m; Länge 14,24 m; Höhe 4 m; Tragflügelfläche 71,6 m^2
Auslegung: Cockpit für Pilot und Flugingenieur; Hauptkabine (2P) für bis zu zwölf Passagiere mit Handgepäckablage für 160 kg

Varianten

SKh-1: zwei Prototypen, der erste mit ASh-21-Motor

Sowjetunion
An-2F: siehe An-2NRK
An-2K: siehe An-2NRK
An-2L: erstes Feuerlöschmodell; Landflugzeug mit Tank und Streugutablaß
An-2M: verbesserte Version von 1964, gebaut nur vom Antonow-OKB
An-2NRK: Nachtaufklärer und Artillerie-Feuerleitmodell; umfangreiche Neukonstruktion
An-2P: Standard-Passagierversion, 14 Sitze
An-2PP: Schwimmerflugzeug zur Waldbrandbekämpfung
An-2S: Sanitätsflugzeug
An-2SKh: Agrarversion
An-2T: Mehrzweck-Transport/Schleppflugzeug
An-2TD: Fallschirmspringer-Schulflugzeug
An-2TP: komfortable Passagierversion für zwölf Fluggäste
An-2V: Wasserflugzeug
An-2ZA: Labor für Luftproben in großen Höhen
An-3: neue Turboprop-Version
An-4: ursprüngliche Bezeichnung der An-2V
An-6: Mehrzweck-Transportflugzeug für Gebirgseinsatz

Polen
An-2 Geofiz: Modell für geophysikalische Aufnahmen, entwickelt für staatliche Schürfunternehmen
An-2LW: Wasserflugzeug
An-2M: ursprüngliche Bezeichnung der An-2LW
An-2P: Passagierversion (nach 1968) für zwölf Erwachsene und zwei Kinder
An-2PK: fünfsitziges Geschäftsflugzeug
An-2PF: Vermessungsflugzeug
An-2PR: Fernsehübertragungsplattform
An-2R: Agrarmodell mit Epoxidharz-Behälter für 1350 kg festes Streugut oder Tank für 1400 Liter flüssiges Material
An-2S: Sanitätsflugzeug
An-2T: Mehrzweckversion für zwölf Passagiere oder 1500 kg Fracht
An-2TD: Fallschirmspringer-Schulflugzeug mit links/rechts je sechs Sitzen
An-2TP: umrüstbare Fracht/Passagierversion mit sechs Klappsitzen auf jeder Seite

China
Y-5: Standardbezeichung, Untervarianten unbekannt

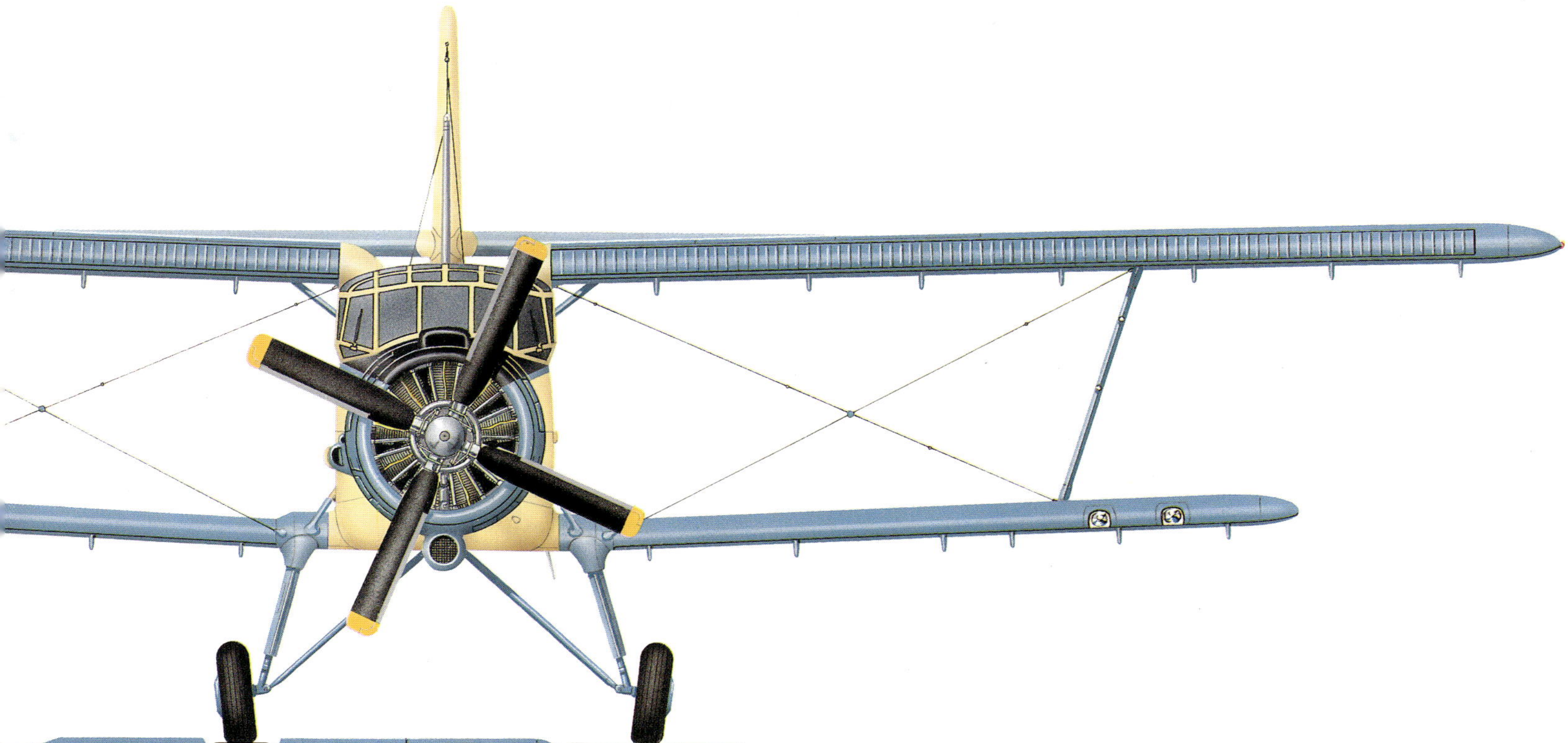

Von den in Mielec gebauten An-2 (fast 10.000) wurden mindestens 8400 von der UdSSR beschafft, meistens An-2R (polnische Bezeichnung für das Agrarmodell). Die Polen behielten nur wenige An-2. Hier abgebildet ist eine An-2T. Bei den heutigen Maschinen gibt es die Propellerhaube des AV-2 (in Polen: AW-2) mit den herkömmlichen Blättern nicht mehr. Ein anderes typisches Merkmal ist, daß die ursprünglich unter dem Heckrumpf installierten RW-UM-Antennen nun in nichtleitenden Kuppeln verborgen sind.

Curtiss C-46R Commando

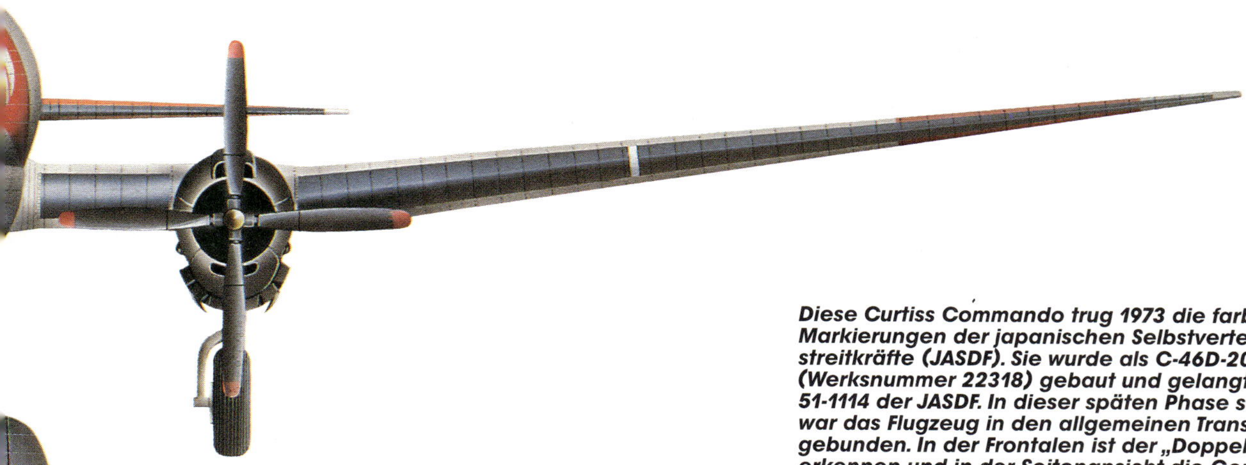

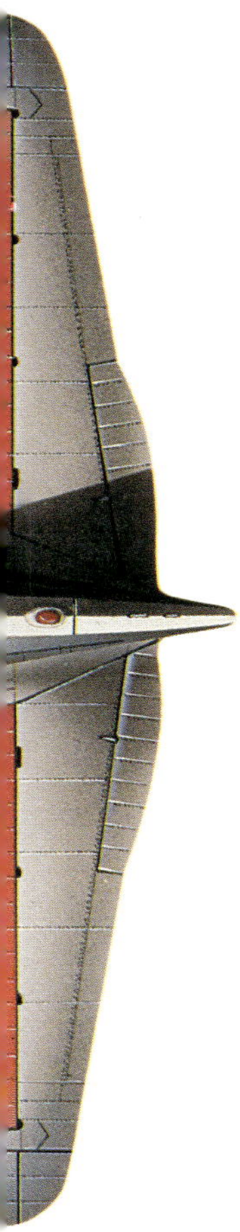

Diese Curtiss Commando trug 1973 die farbenfreudigen Markierungen der japanischen Selbstverteidigungs-Luftstreitkräfte (JASDF). Sie wurde als C-46D-20-CU 44-78495 (Werksnummer 22318) gebaut und gelangte später zur 51-1114 der JASDF. In dieser späten Phase seiner Laufbahn war das Flugzeug in den allgemeinen Transportdienst eingebunden. In der Frontalen ist der „Doppelrumpf" gut zu erkennen und in der Seitenansicht die Geräumigkeit des Rumpfes.

TECHNISCHE DATEN

Curtiss C-46R Commando
Typ: Mittelstrecken-Passagier-/Frachtflugzeug
Triebwerke: zwei 18-Zylinder-Doppelsternmotoren Pratt & Whitney R-2800-34 Double Wasp je 1566 kW (2130 PS) in Verbindung mit Hamilton Standard Dreiblatt-Propellern
Leistung: Höchstgeschwindigkeit 435 km/h in 3048 m Höhe; Marschgeschwindigkeit 378 km/h in 2743 m Höhe; Dienstgipfelhöhe 6706 m; Reichweite 2897 km
Gewicht: Leermasse 13.290 kg; max. Startmasse 22.680 kg
Abmessungen: Spannweite 32,92 m; Länge 23,27 m; Höhe 6,63 m; Tragflügelfläche 126,16 m²

de Havilland Canada Beaver

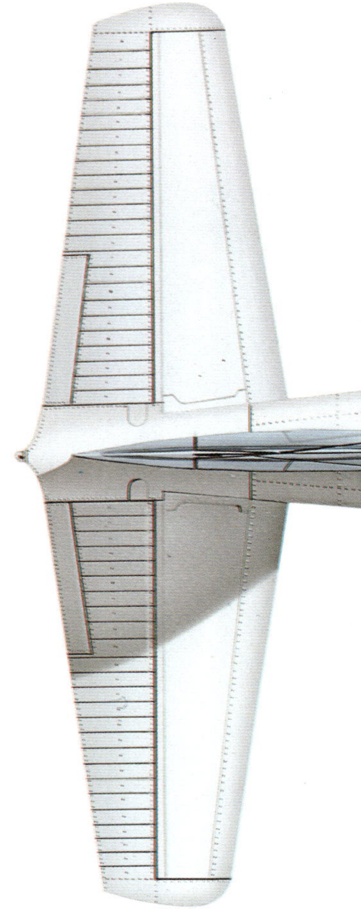

TECHNISCHE DATEN

de Havilland Canada Beaver
Spannweite: 14,62 m
Länge: 9,24 m
Höhe: 2,74 m
Tragflügelfäche: 2,32 m^2
Triebwerk: Wasp Junior R-985 von Pratt & Whitney mit 335,7 kW (456 PS)
Passagierkapazität: sieben
Leermasse: 1294 kg
Max. Startmasse: 2313 kg
Höchstgeschwindigkeit: 257 km/h
Dienstgipfelhöhe: 5486 m
Max. Reichweite: 1252 km

Beaver-Varianten

Beaver I: Hauptproduktionsmodell mit Motor Pratt & Whitney Wasp Junior R-985, amerikanische Militärkennung L-20A/U-6A
Beaver II: nur ein einziger Prototyp mit vergrößertem Leitwerk und Motor Alvis Leonides 502/4 (410 kW/542 PS)
Turbo Beaver III: Turboprop-Version mit 410 kW (542 PS) starkem Triebwerk Pratt & Whitney PT6A-6, verlängertem Rumpf mit 10 Sitzen und vergrößertem Leitwerk

Die de Havilland Canada Beaver, ein Klassiker unter den Buschflugzeugen, trug entscheidend dazu bei, weite, entlegene Landstriche zu erschließen. Da sie vor allem für den kanadischen Norden bestimmt war, konnte sie von Anfang an wahlweise auch mit Skier- und Schwimmerfahrwek betrieben werden. Für die Royal Canadian Mounted Police mit ihrem riesigen Zuständigkeitsbereich bot sich dieses Flugzeug als das ideale Gerät an, um gewaltige Entfernungen in unerschlossenem Gebiet zu überwinden. Die Schwimmer ermöglichten es, auf jedem der zahlreichen Seen und Wasserläufe des kanadischen Nordens zu landen.

Boeing 307 Stratoliner

TECHNISCHE DATEN

Boeing 307 Stratoliner
Spannweite: 32,70 m
Länge: 22,70 m
Höhe: 6,30 m
Flügelflächen: 138 m^2
Triebwerk: vier Wright GR-1820 Cyclone mit je 671,4 kW (913 PS)
Bestuhlung: 33 Passagiere
Leermasse: 13.750 kg
Max. Startmasse: 19.050 kg
Höchstgeschwindigkeit: 396 km/h
Reisegeschwindigkeit: 355 km/h
Dienstgipfelhöhe: 7985 m
Max. Reichweite: 3846 km

PAA trat zwar als Erstkunde der Modell 307 auf, doch TWA unterhielt nicht nur die größte Flotte, sondern war auch der bekannteste Stratoliner-Betreiber. Mit der abgebildeten Maschine warb TWA vor der Indienststellung der SA-307B (Modellbezeichnung der TWA-Maschinen) für ihr neues Fluggerät. Die inoffizielle Zulassungsnummer NX1940 sollte auf die Stratoliner als „das Flugzeug des Jahres 1940" hinweisen. Ihre offizielle Kennung lautete NX19906. Die Kabine war steuerbord durch hölzerne Paneele in vier Räume unterteilt und durch einen Vorhang vom Mittelgang getrennt. Backbord waren neun bequeme Sessel angeordnet. Im vorderen Kabinenbereich befand sich eine Toilette, und im Heck lagen die Bordküche sowie ein Ankleideraum für die weiblichen Passagiere. Die fünfköpfige Cockpitbesatzung bestand aus zwei Piloten, je einem Funker und Flugingenieur sowie einem Navigator, der in einem separaten Raum hinter dem Flugingenieur saß.

The TRANSCONTINENTAL Line
TWA
NX1940
401
STRATOLINER
BOEING
NX1940
Mark Rolfe

Douglas C-54G Skymaster

Die ursprüngliche C-54 begann ihre Geschichte im olivgrünen Sichtschutz und wurde für den Transport von Lasten über den Atlantik verwendet. Später dienten diese Maschinen zu Nachschublieferungen an die im Pazifik stationierten Streitkräfte. Ihre große Reichweite erwies sich beim Transport wichtiger Güter als besonders nützlich. Die Nr. 41-37273, eine C-54A-DO der zweiten Serie, war ausschließlich für das Militär bestimmt. Die erste Serie sollte eigentlich an Zivilkunden gehen, wurde aber noch vor ihrer Auslieferung requiriert.

TECHNISCHE DATEN

Douglas C-54G Skymaster
Typ: Langstrecken-Transportflugzeug
Triebwerke: vier Sternmotoren Pratt & Whitney R-2000-9 Twin Wasp mit je 1081 kW (1470 PS)
Leistung: Höchstgeschwindigkeit 451 km/h in 4265 m Höhe; Marschgeschwindigkeit 349 km/h in 2590 m Höhe; Dienstgipfelhöhe 6800 m; Reichweite 4023 km mit einer Nutzlast von 5189 kg
Gewicht: Leermasse 19.641 kg; max. Startmasse 33.113 kg
Abmessungen: Spannweite 35,81 m; Länge 28,60 m; Höhe 8,38 m; Tragflügelfläche 135,63 m²

Varianten der DC-4/C-54 Skymaster

DC-4E: überdimensionierter Prototyp mit Pratt & Whitney R-2180-Motoren; Einzelexemplar
DC-4A: R-2000-Motoren; wurde im Produktionsstadium C-54; nicht gebaut
C-54: Militärversion der DC-4A, 1942 eingeführt; 24 Exemplare
C-54A: R-2000-7-Motoren; Serienversion der DC-4A; 252 Exemplare
C-54B: Serienversion mit erweitertem Tankvolumen; 220 Exemplare
C-54C: Umrüstung zum Präsidentenflugzeug „Sacred Cow“; Einzelexemplar
VC-54C: neue Bezeichnung der C-54C als VIP-Transportflugzeug; umbenanntes Einzelexemplar
C-54D: verbesserte Serienversion mit R-2000-11-Motoren; 380 Exemplare
AC-54D: einige 1960 für den Funkrelaisdienst umgerüstete Flugzeuge
EC-54D: neue Bezeichnung der AC-54D im Jahre 1962
HC-54D: neue Bezeichnung der SC-54D im Jahre 1962
SC-54D: 1955 für den Rettungsdienst umgerüstete C-54D; 38 Exemplare
VC-54D: für den VIP-Dienst umgerüstete C-54D; Einzelexemplar
C-54E: verbesserte Version mit erhöhter Nutzlast- und Treibstoffkapazität; 125 Exemplare
XC-54F: Truppentransporter; nur als Modell gebaut
C-54G: letzte Serienversion mit R-2000-9-Motoren; 162 Exemplare
VC-54G: einige für den VIP-Dienst umgerüstete C-54G
C-54H: vorgeschlagener Truppentransporter; 1945 storniert; nicht gebaut
C-54J: vorgeschlagene Airliner-Variante; 1945 storniert; nicht gebaut
XC-54K: zur Langstreckenversion umgerüstete R5D-3; Einzelexemplar
C-54L: umgerüstete C-54A mit neuer Kraftstoffanlage; Einzelexemplar
C-54M: zum Kohletransport für die Berliner Luftbrücke umgerüstete Flugzeuge; 38 Exemplare
MC-54M: 1951 zu Sanitätsflugzeugen umgerüstete C-54E; 30 Exemplare
C-54N: neue Bezeichnung der R5D-1 im Jahre 1962
C-54P: neue Bezeichnung der R5D-2 im Jahre 1962
C-54Q: neue Bezeichnung der R5D-3Z im Jahre 1962
C-54R: neue Bezeichnung der R5D-4R im Jahre 1962
C-54S: neue Bezeichnung der R5D-5 im Jahre 1962
VC-54S: neue Bezeichnung der R5D-5Z
C-54T: neue Bezeichnung der R5D-5R im Jahre 1962
C-54U: neue Bezeichnung der R5D-4 im Jahre 1962
EC-54U: neue Bezeichnung mindestens einer C-54U nach 1962
RC-54V: neue Bezeichnung der R5D-3 im Jahre 1962
JC-54: 1960 zur Flugkörperbergung umgerüstete Flugzeuge
TC-54: nach dem Weltkrieg für den Ausbildungsdienst umgerüstete Flugzeuge
XC-114: Versuchsträger mit Allison V-1710-Motoren; Einzelexemplar
XC-116: Versuchsträger mit Allison V-1710-Motoren und thermischer Enteisungsanlage; Einzelexemplar
R5D-1: US Navy/Marines zugeführte C-54A; 58 Exemplare
R5D-1C: einige umgerüstete R3D-1 mit Treibstoffsystem der R3D-2
R5D-1F: einige zu Stabsflugzeugen umgerüstete R5D-1
R5D-1Z: neue Bezeichnung der R5D-1F
R5D-2: US Navy/Marines zugeführte C-54B; 47 Exemplare
R5D-2F: einige zu Stabsflugzeugen umgerüstete R5D-2
R5D-2Z: neue Bezeichnung der R5D-2F
R5D-3: US Navy zugeführte C-54D; 92 Exemplare
R5D-4: US Navy zugeführte C-54E; 20 Exemplare
R5D-4R: einige für die US Coast Guard umgerüstete Flugzeuge
R5D-5: auf R-2000-9 ummotorisierte Flugzeuge; 86 Exemplare
R5D-5Z: einige zu Stabsflugzeugen umgerüstete R5D-5
R5D-5R: einige zu Passagierflugzeugen umgerüstete R5D-5 für die US Coast Guard
R5D-6: vorgeschlagenes Navy-Pendant der C-54J; nicht gebaut
DC-4: nach dem Krieg gebaute Verkehrsflugzeuge; 79 Exemplare

A.W.650 Argosy 100 und A.W.650 Argosy 222

TECHNISCHE DATEN

A.W.650 Argosy 100
Triebwerke: vier Propellerturbinen Rolls-Royce RDa.7/2 526 mit je 1567 kW (2130 WPS)
Spannweite: 35,05 m
Länge: 26,44 m
Höhe: 8,23 m
Tragflügelfläche: 135,45 m^2
Leermasse: 22.000 kg
Max. Startmasse: 39.917 kg
Nutzlast: 12.700 kg
Reisegeschwindigkeit: 476 km/h
Max. Reichweite: 4345 km

TECHNISCHE DATEN

A.W.650 Argosy 222
Triebwerke: vier Propellerturbinen Rolls-Royce Dart 532/I mit je 1664 kW (2262 WPS)
Spannweite: 35,05 m
Länge: 26,44 m
Höhe: 8,91 m
Tragflügelfläche: 135,45 m^2
Leermasse: 22.136 kg
Max. Startmasse: 42.185 kg
Nutzlast: 14.061 kg
Reisegeschwindigkeit: 462 km/h
Reichweite: max. 3510 km; mit Höchstnutzlast 1667 km

Die Abbildung zeigt die zweite Argosy 222 der BEA, die am 2. März 1965 ausgeliefert und fünf Jahre später an die kanadische Transair verkauft wurde. Sie war kurzzeitig an die irische Frachtlinie Aer Turas vermietet (die einzige in Irland registrierte Argosy) und ging 1973 an die neuseeländische Safe Air, die sie „Merchant Pioneer" taufte.

Vickers Viscount V.708

Die F-BGNK war nicht nur die erste Viscount, die gebaut wurde, sondern auch die erste für den Export. Als V.708 startete sie am 11. März 1953 zu ihrem Jungfernflug und kam am 18. Mai zur Air France. Sie gehörte zu den ganz wenigen Viscounts, die abstürzten: Bei einem Ausbildungsflug am 12. Dezember 1956 bohrte sie sich in der Nähe von Paris in den Boden. Die fünf Besatzungsmitglieder der Air France kamen bei dem Unglück ums Leben. Die Cockpitfenster waren typisch für die ersten Modelle (allerdings etwas anders als bei der V.630 und V.663). TCA hingegen verlangte größere, senkrechte Fenster, die schließlich zur Standardversion wurden. Hinten unten am Rumpf sieht man den Staulufteinlaß für die Kabinenklimaanlage.

TECHNISCHE DATEN

Vickers Viscount V.708
Typ: 49sitziges (später 65) Passagierflugzeug
Triebwerk: vier Rolls-Royce-Dart 504 Turboprop-Triebwerke mit je 1044 kW (1420 PS) (spätere 700: Dart 510 mit 1193 kW/1622 PS)
Leistung: Reisegeschwindigkeit 501 km/h; Startstrecke bis 15 m bei Höchstgewicht 1234 m; Reichweite bei maximaler Nutzlast von 5670 kg 1513 km (spätere Versionen bis zu 3943 km)
Gewicht: Leermasse 14.665 kg; höchstzulässige Startmasse 23.814 kg
Abmessungen: Spannweite 28,56 m; Länge 24,74 m (spätere 700: 24,94 m); Höhe 8,05 m; Flügelfläche 89,47 m²

Viscount-Varianten

V.630: G-AHRF, Prototyp, 990 PS starke Dart 502/RDa.1, Spannweite 27,10 m; Länge 22,70 m; Bruttogewicht 18.325 kg; 32 Sitze
V.663: VX217, zweiter Prototyp, Tay-Strahltriebwerke
V.700: G-AMAV, 1400 PS starke Dart 505/RDa.3, Spannweite 28,56 m; Länge 24,74 m; Bruttogewicht 22.680 kg
V 701: erstes Serienmodell, 1400 PS starke Dart 506/RDa.3; wie V.700 nur mit 27.216 kg Bruttogewicht; 13 ähnliche Flugzeuge
V.700D: Modell mit 660-l-Zusatztanks, zulässiges Bruttogewicht 28.123 kg
V.745: verbessertes Modell mit 1600 PS starken Dart 510/RDa.7, 29.257 kg; 32 ähnliche Flugzeuge
V.802: auf 26,11 m verlängertes Modell, bis zu 77 Sitze. Dart 510/RDa.6, 28.576 kg; 10 ähnliche Flugzeuge
V.806: wie V.802, nur mit Mk 520/RDa.7-Triebwerken, 29.257 kg; vier ähnliche Flugzeuge
V.810: wie V.806,nur mit 2130 PS (1566 kW) Äquivalentleistung abgebenden Dart 525/RDa.7/1; Gewicht 32.885 kg, bis zu 77 Sitze; 19 ähnliche Versionen

Tupolew Tu-104B

Mit Einführung der Tu-104 auf der Route Moskau–Irkutsk eröffnete Aeroflot als zweite Fluggesellschaft den Liniendienst mit strahlgetriebenen Verkehrsflugzeugen. Fortschrittliche Merkmale der Maschine waren unter anderem Spaltflügelklappen, Grenzschichtzäune und eine Anti-Blockieranlage an den Hauptfahrwerksrädern. Neuartig war auch ein wahrscheinlich von ihrem militärischen Vorläufer übernommenes Bremsschirmsystem. Dank ständiger Modernisierungsmaßnahmen konnte die Sitzkapazität im Laufe der Jahre um mehr als 100 Prozent erhöht werden. Die Tu-104 wurde zwar nur von zwei Fluggesellschaften betrieben, gilt aber dennoch als eine der bahnbrechendsten Konstruktionen der Luftfahrtgeschichte.

Varianten der Tupolew Tu-104

Tu-88: Bomber-Prototyp, Erstflug 1952, angetrieben von Mikulin RD-3 (AM-3). Militärische Bezeichnung Tu-16
Tu-104: Zivile Version der Tu-88 mit neuem, vergrößertem Rumpf und heckrumpfmontierter Höhenflosse. Ähnliche Tragflügel mit neuem und größerem Mittelbereich. Lufteintrittsöffnungen der Triebwerke nach außen versetzt
Tu-104A: Version mit gesteigerter Nutzlast und schubstärkeren AM-3M-Triebwerken. Sitzkapazität auf 70 erhöht
Tu-104B: Version mit AM-3M-Triebwerken, gestrecktem Rumpf und Standard-Sitzkapazität von 100 (später auf 115 erhöht)
Tu-104D: Für 85 Passagiere ausgelegte Tu-104A
Tu-104E: Frühe, für Rekordflüge modifizierte Tu-104B
Tu-104G: Zwei zum zivilen Besatzungstraining „entmilitarisierte" Tu-16
Tu-104V: Für 100 Passagiere ausgelegte Tu-104A
Tu-110: Der Tu-104B ähnlich, doch angetrieben von vier Strahltriebwerken Ljulka AL-5

TECHNISCHE DATEN

Tupolew Tu-104B
Typ: Mittelstrecken-Verkehrsflugzeug
Triebwerk: zwei Strahltriebwerke Mikulin-AM-3M-500 mit je 9700 kp Schub
Leistung: Höchstgeschwindigkeit 950 km/h in 10.000 m Höhe; Dienstgipfelhöhe 11.500 m; Reichweite mit max. Nutzlast 2650 km
Gewicht: Leermasse 41.600 kg; max. Startmasse 76.000 kg
Abmessungen: Spannweite 34,54 m; Länge 40,05 m; Höhe 11,90 m; Tragflügelfläche 183,5 m^2
Passagiersitze: 100

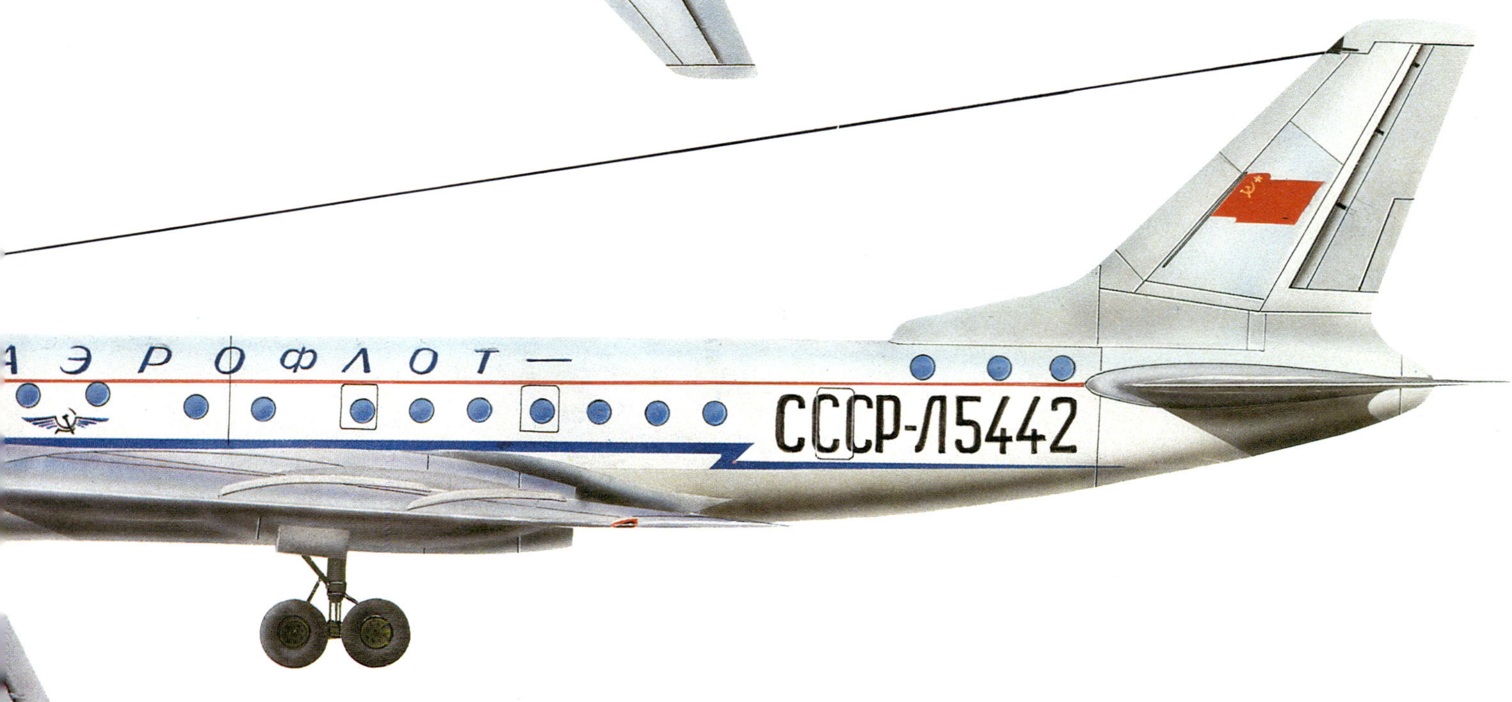

Zu den farbenfroheren Otter-Ausführungen gehörte diese Maschine der Wardair, die sich von einer Inlandslinie zu einer großen Transatlantik-Fluggesellschaft entwickelte. In den Wintermonaten flogen die kanadischen Otter mit Skikufen, um die Verbindung mit entlegenen Siedlungen aufrechtzuerhalten. Im Sommer waren Schwimmer angebracht, die eine Landung auf den zahlreichen Seen und Gewässern im Landesinneren gestatteten. Die Seitentüren am Rumpf ermöglichten das Laden selbst sperriger Güter wie wichtiger Maschinen und Geräte, die zur regelmäßigen Fracht zählten.

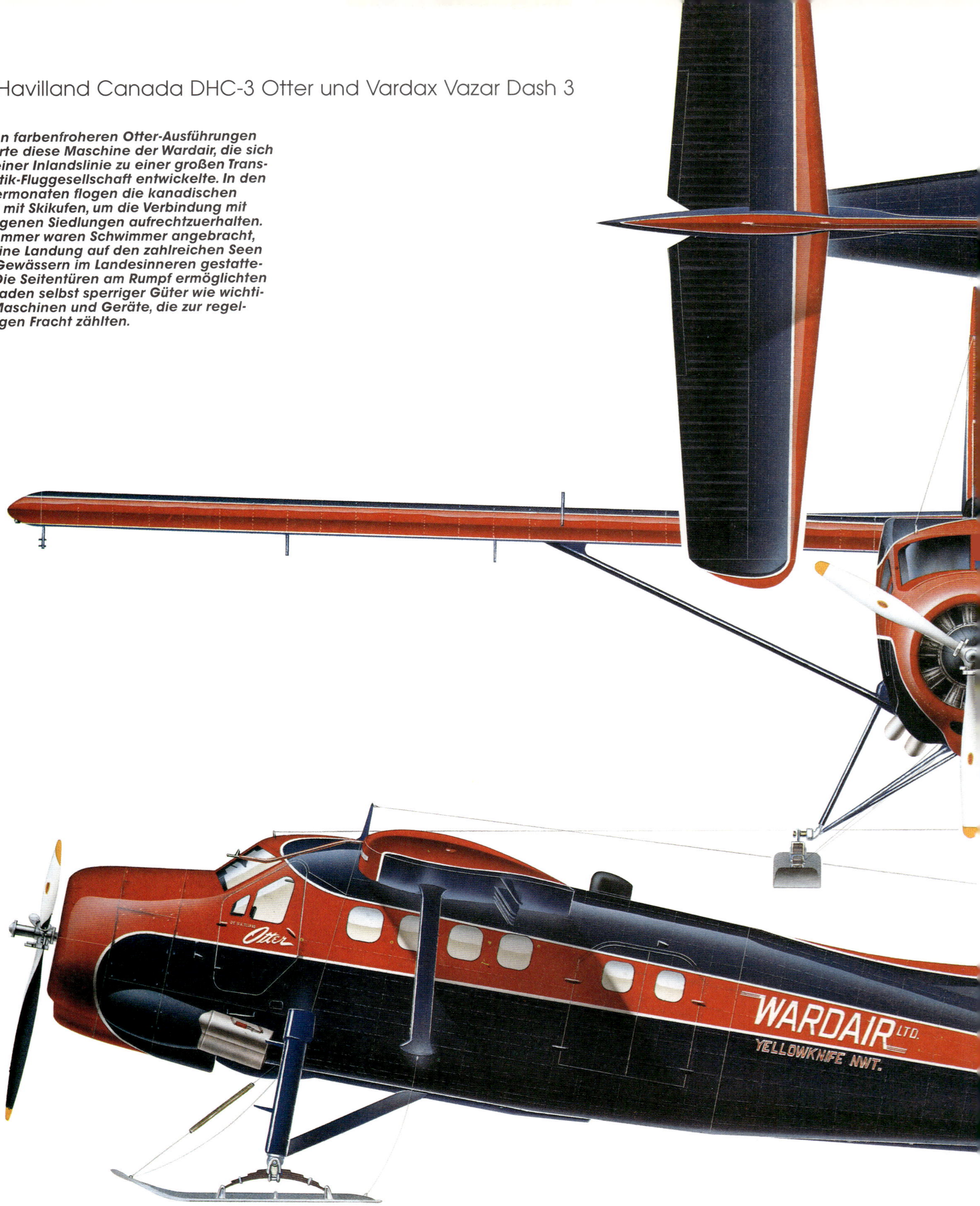

TECHNISCHE DATEN

de Havilland Canada DHC-3 Otter
Spannweite: 17,70 m
Länge: 12,75 m
Höhe: 3,95 m
Tragflügelfläche: 34,80 m^2
Triebwerk: ein Kolbensternmotor Pratt & Whitney S3H1-G Wasp mit 447 kW (607 PS)
Passagierkapazität: neun bis elf
Leermasse: 2398 kg
Max. Startmasse: 3629 kg
Höchstgeschwindigkeit: 257 km/h
Reisegeschwindigkeit: 222 km/h
Dienstgipfelhöhe: 4998 m
Max. Reichweite: 1520 km

TECHNISCHE DATEN

Vardax Vazar Dash 3
Spannweite: 17,70 m
Länge: 14 m
Höhe: 3,95 m
Tragflügelfläche: 34,80 m^2
Triebwerk: ein Turboprop (Propellerturbinen-Luftstrahltriebwerk) Pratt & Whitney Canada PT6A-135 mit 559,5 kW (760 PS)
Passagierkapazität: neun bis elf
Leermasse: 1905 kg
Maximale Startmasse: 3629 kg
Höchstgeschwindigkeit: 267 km/h
Dienstgipfelhöhe: 4876 m
Maximale Reichweite: 1203 km

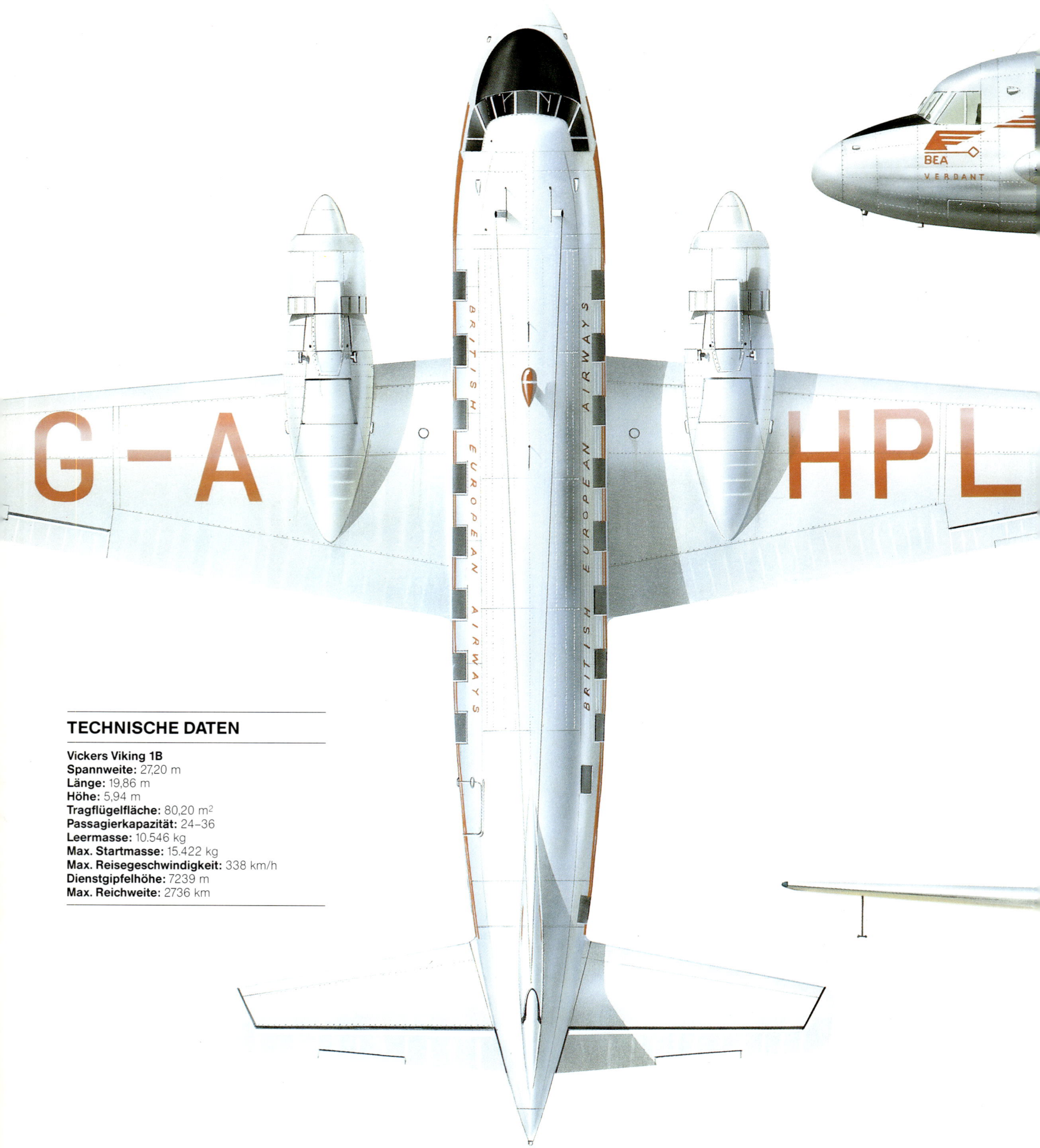

TECHNISCHE DATEN

Vickers Viking 1B
Spannweite: 27,20 m
Länge: 19,86 m
Höhe: 5,94 m
Tragflügelfläche: 80,20 m^2
Passagierkapazität: 24–36
Leermasse: 10.546 kg
Max. Startmasse: 15.422 kg
Max. Reisegeschwindigkeit: 338 km/h
Dienstgipfelhöhe: 7239 m
Max. Reichweite: 2736 km

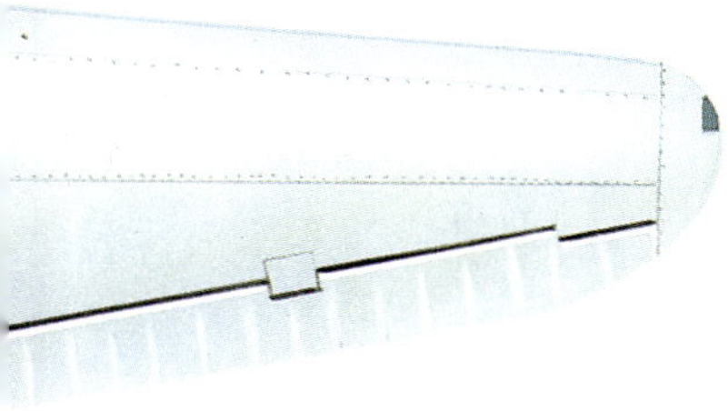

Ungeachtet ihres beachtlichen Exporterfolgs wurde die Viking vor allem durch ihren Dienst bei der BEA bekannt. Zeitweilig setzte diese Airline 76 der insgesamt 166 gebauten Flugzeuge ein. Diese Maschinen erfuhren den allmählichen Wandel des Farbkleids der Gesellschaft. In technischer Hinsicht war die Viking ein für damalige Zeiten äußerst fortschrittliches Muster, und dies trug zu ihrer langen Dienstzeit bei. Eine kleine Baureihe der ersten Generation wurde wie die Wellington-Bomber mit stoffbespannten Tragflächen in geodätischer Bauweise fertiggestellt, doch diese Exemplare flogen nie im BEA-Liniendienst. Alle späteren Viking hatten Metallflächen in Schalenbauweise, doch die Kontrollflächen waren weiterhin mit Stoff überzogen.

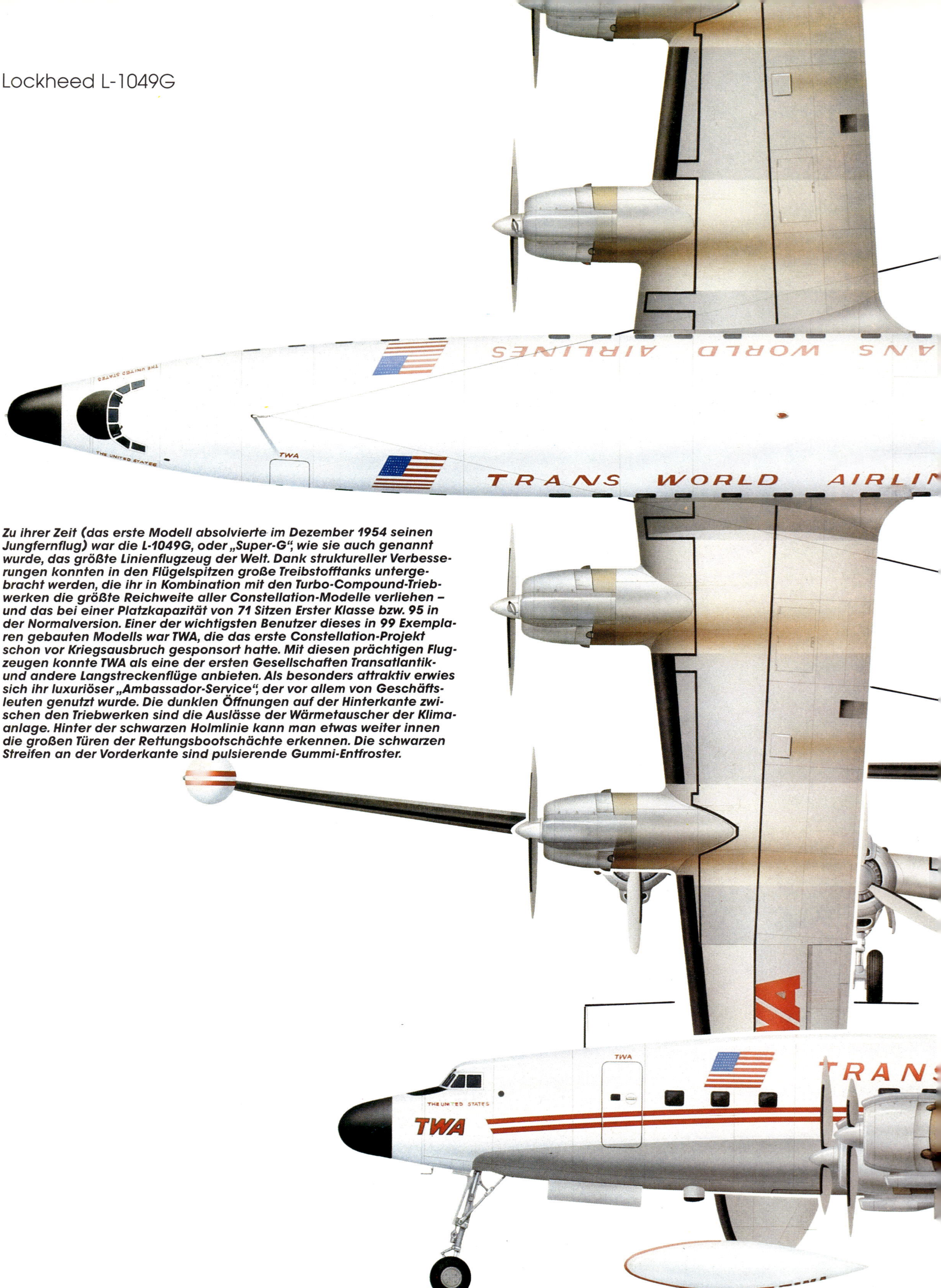

Zu ihrer Zeit (das erste Modell absolvierte im Dezember 1954 seinen Jungfernflug) war die L-1049G, oder „Super-G“, wie sie auch genannt wurde, das größte Linienflugzeug der Welt. Dank struktureller Verbesserungen konnten in den Flügelspitzen große Treibstofftanks untergebracht werden, die ihr in Kombination mit den Turbo-Compound-Triebwerken die größte Reichweite aller Constellation-Modelle verliehen – und das bei einer Platzkapazität von 71 Sitzen Erster Klasse bzw. 95 in der Normalversion. Einer der wichtigsten Benutzer dieses in 99 Exemplaren gebauten Modells war TWA, die das erste Constellation-Projekt schon vor Kriegsausbruch gesponsort hatte. Mit diesen prächtigen Flugzeugen konnte TWA als eine der ersten Gesellschaften Transatlantik- und andere Langstreckenflüge anbieten. Als besonders attraktiv erwies sich ihr luxuriöser „Ambassador-Service“, der vor allem von Geschäftsleuten genutzt wurde. Die dunklen Öffnungen auf der Hinterkante zwischen den Triebwerken sind die Auslässe der Wärmetauscher der Klimaanlage. Hinter der schwarzen Holmlinie kann man etwas weiter innen die großen Türen der Rettungsbootschächte erkennen. Die schwarzen Streifen an der Vorderkante sind pulsierende Gummi-Entfroster.

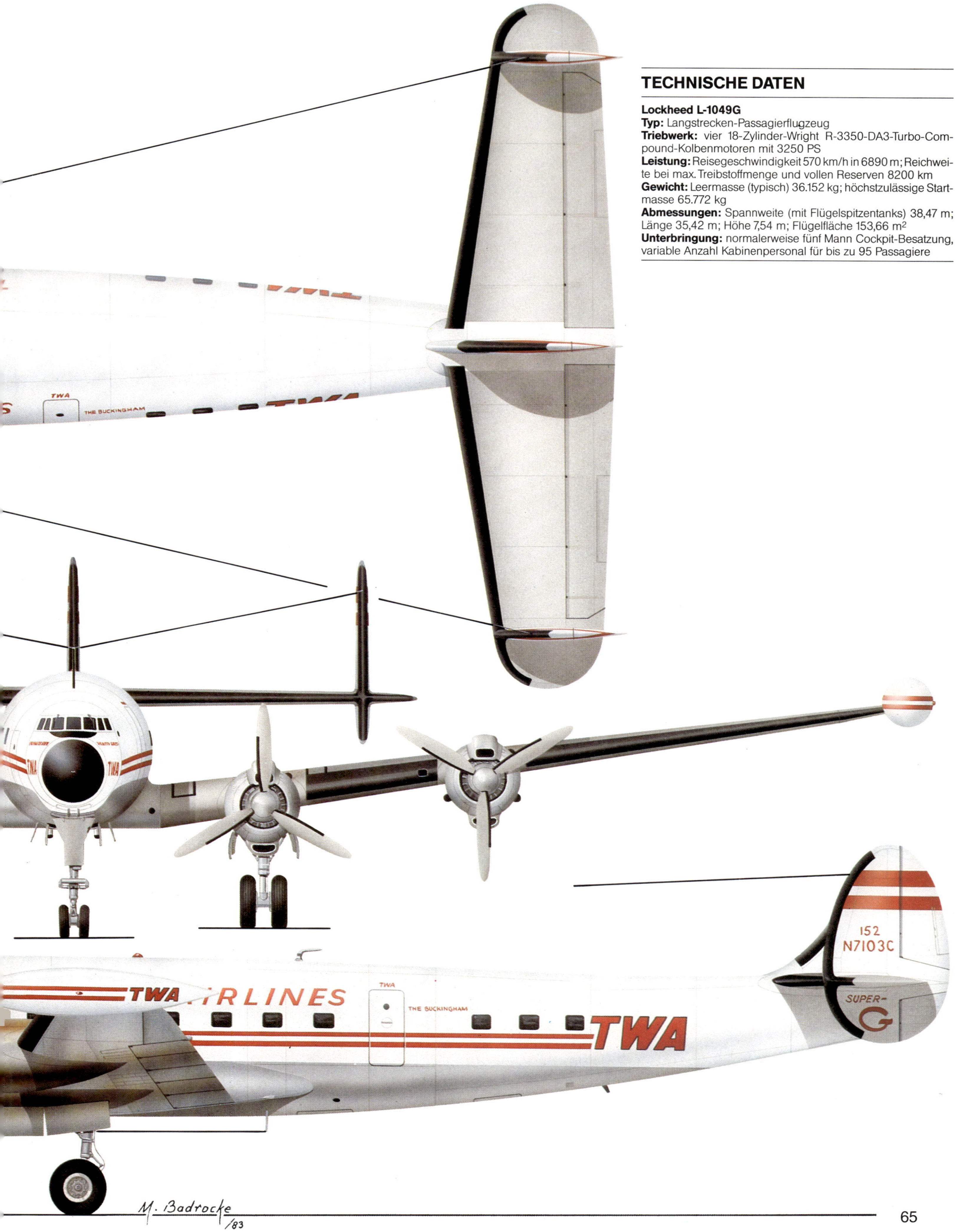

TECHNISCHE DATEN

Lockheed L-1049G
Typ: Langstrecken-Passagierflugzeug
Triebwerk: vier 18-Zylinder-Wright R-3350-DA3-Turbo-Compound-Kolbenmotoren mit 3250 PS
Leistung: Reisegeschwindigkeit 570 km/h in 6890 m; Reichweite bei max. Treibstoffmenge und vollen Reserven 8200 km
Gewicht: Leermasse (typisch) 36.152 kg; höchstzulässige Startmasse 65.772 kg
Abmessungen: Spannweite (mit Flügelspitzentanks) 38,47 m; Länge 35,42 m; Höhe 7,54 m; Flügelfläche 153,66 m^2
Unterbringung: normalerweise fünf Mann Cockpit-Besatzung, variable Anzahl Kabinenpersonal für bis zu 95 Passagiere

TECHNISCHE DATEN

Lockheed L-188A Electra
Spannweite: 30 m
Länge: 32,14 m
Höhe: 10,25 m
Tragflügelfläche: 120,80 m²
Passagierkapazität: 66 bis 98
Leermasse: 26.037 kg
Nutzlast: 10.353 kg
Max. Startmasse: 51.257 kg
Sparfluggeschwindigkeit: 600 km/h
Max. Reisegeschwindigkeit: 652 km/h
Höchstgeschwindigkeit: 721 km/h
Anfangssteiggeschwindigkeit: 10 m/sek
Dienstgipfelhöhe: 8656 m
Max. Reichweite: 4458 km
Reichweite mit max. Nutzlast: 3540 km

Brasiliens VARIG (Viação Aérea Rio-Grandense) war vielleicht der treueste Electra-Betreiber, und ihre L-188-Flüge wurden zur Legende. Von ihren ab Anfang der sechziger Jahre eingeführten 15 Maschinen ging nur eine verloren, und alle anderen schieden erst 1991 aus dem Dienst. VARIG betrieb ihre Electra auf den täglichen Pendeldiensten zwischen Rio de Janeiro und São Paulo. In Rio operierte sie von dem in Innenstadtnähe gelegenen Flughafen Santos Dumont, der für Jets geschlossen war. Dies trug sicher zur Langlebigkeit der Electra bei, doch die wichtigsten Faktoren waren die Zuverlässigkeit ihrer Allison-Luftstrahltriebwerke und die Loyalität ihrer Passagiere. Die 90sitzigen Turboprops wurden schließlich durch Boeing 737-300 der VARIG, VASP und TransBrasil ersetzt. In Afrika hat TransAfrik (São Tomé) ihre letzten Electra ausgemustert, während einige neugegründete Fluglinien in Zaire das Muster als Passagier- und Frachtflugzeug einsetzen. In Indonesien stellte Mandala Airlines 1994 als letzte asiatische Gesellschaft ihre Electra außer Dienst.

Convair 240/440/580/640

TECHNISCHE DATEN

Convair 240
Spannweite: 28 m
Länge: 22,70 m
Höhe: 8,20 m
Tragflügelfläche: 76 m²
Passagierkapazität: 40
Leermasse: 13.400 kg
Nutzlast: 4400 kg
Max. Startmasse: 19.300 kg
Reisegeschwindigkeit: 450 km/h
Höchstgeschwindigkeit: 506 km/h
Dienstgipfelhöhe: 6100 m
Max. Reichweite: 1930 km

TECHNISCHE DATEN

Convair 440
Spannweite: 32,10 m
Länge: 24,80 m
Höhe: 8,60 m
Tragflügelfläche: 85 m²
Passagierkapazität: 44 bis 52
Leermasse: 15.110 kg
Nutzlast: 5820 kg
Max. Startmasse: 22.500 kg
Reisegeschwindigkeit: 480 km/h
Höchstgeschwindigkeit: 540 km/h
Dienstgipfelhöhe: 7590 m
Max. Reichweite: 2100 km

TECHNISCHE DATEN

Convair 580
Spannweite: 32,10 m
Länge: 24,80 m
Höhe: 8,60 m
Tragflügelfläche: 85 m²
Passagierkapazität: 44 bis 56
Max. Startmasse: 26.400 kg
Reisegeschwindigkeit: 560 km/h
Höchstgeschwindigkeit: 580 km/h
Max. Reichweite: 4610 km

TECHNISCHE DATEN

Convair 640
Spannweite: 32,10 m
Länge: 24,80 m
Höhe: 8,60 m
Tragflügelfläche: 85 m²
Passagierkapazität: 44 bis 52
Leermasse: 13.730kg
Nutzlast: 7160 kg
Max. Startmasse: 25.000 kg
Reisegeschwindigkeit: 480 km/h
Dienstgipfelhöhe: 7600 m
Max. Reichweite: 3140 km

Diese N3427 war eine von 20 Convair 340, die Braniff als Ersatz für das Modell 240 kaufte. Letztere hatte die Gesellschaft nach der Fusion mit der rivalisierenden Mid-Continent Airlines übernommen. Die Maschine wurde im Juli 1953 ausgeliefert und blieb bei der Braniff auf den Routen im Mittelwesten 14 Jahre lang mit insgesamt 31.000 Flugstunden im Dienst. Nach einem Triebwerksbrand am 23. Juli 1967 mußte man die Maschine abschreiben und stellte sie auf dem Flugfeld Barstow-Daggett in Kalifornien ab. Hier blieb sie stehen, bis Century Airlines sie 1988 kaufte und nach einigen Reparaturen nach Tucson, Arizona, zur Generalüberholung überführte. Danach kehrte sie in den kommerziellen Dienst zurück, wenn auch nur als Frachter. Bei ihrem Ankauf nach 21 Wartejahren in der Wüste steckten hinter den Rückenlehnen der Sitze immer noch die Tüten gegen Luftübelkeit, und an der Eingangstreppe fand man die Anzeige der Nummer ihres letzten Flugs!

BRANIFF
International AIRWAYS
BRANIFF
BRANIFF
BRANIFF
International AIRWAYS
N3427

D.H.106 Comet 4B

Eine der schönsten Comet-Versionen war die für British European Airways gefertigte 4B mit gekürzter Spannweite, abgeleitet von der „totgeborenen" 5A für die US-Fluglinie Capital Airlines. Sie hatte eine längere Zelle und war ursprünglich für europäische Kurzstrecken geplant. Mit der Erhöhung ihres zulässigen Höchstgewichts vergrößerte sich jedoch auch ihre Reichweite. So betrieben BEA Airtours und Dan Air die Comet 4B als ideale Maschine für ihre Langstrecken-Charterflüge. Das abgebildete Flugzeug war das fünfte einer sechs Maschinen umfassenden BEA-Bestellung, die später um weitere acht erhöht wurde. Als einziger anderer Erstbesteller trat Olympic mit vier Exemplaren auf. Zu den interessanten Merkmalen dieses Flugzeugs gehören das Vierrad-Hauptfahrwerk, dessen Räder in Ausbuchtungen in den Flügelunterseiten einfuhren, bruchsichere Kabinenfenster und ADF-Antennen (zwei schwarze Ovale auf dem Vorderrumpf), nach außen gerichtete Strahlrohre mit schalldämpfenden Greatrex-Düsen und Schubumkehrer an den äußeren Triebwerken.

TECHNISCHE DATEN

D.H.106 Comet 4B
Typ: Mittelstrecken-Passagierflugzeug
Triebwerk: vier Strahltriebwerke Rolls-Royce Avon, ursprünglich Mk 542, später Mk 525B mit je 4763 kg Standschub
Leistung: max. Reisegeschwindigkeit 856 km/h; typische Startstrecke 2134 m; Reichweite mit max. Nutzlast (Startgewicht) 3701 km, (Endgewicht) 5391 km
Gewicht: Leermasse 33.483 kg; max. Startmasse 69.174 kg, später 70.762 kg und schließlich 73.483 kg
Abmessungen: Spannweite 32,87 m; Länge 35,97 m; Höhe 8,69 m; Tragflügelfläche 191,28 m²
Auslegung: drei- oder vierköpfige Cockpit-Besatzung; Kabinen-Bestuhlung (anfangs) für 101 Fluggäste, (Dan Air) 119 Passagiere

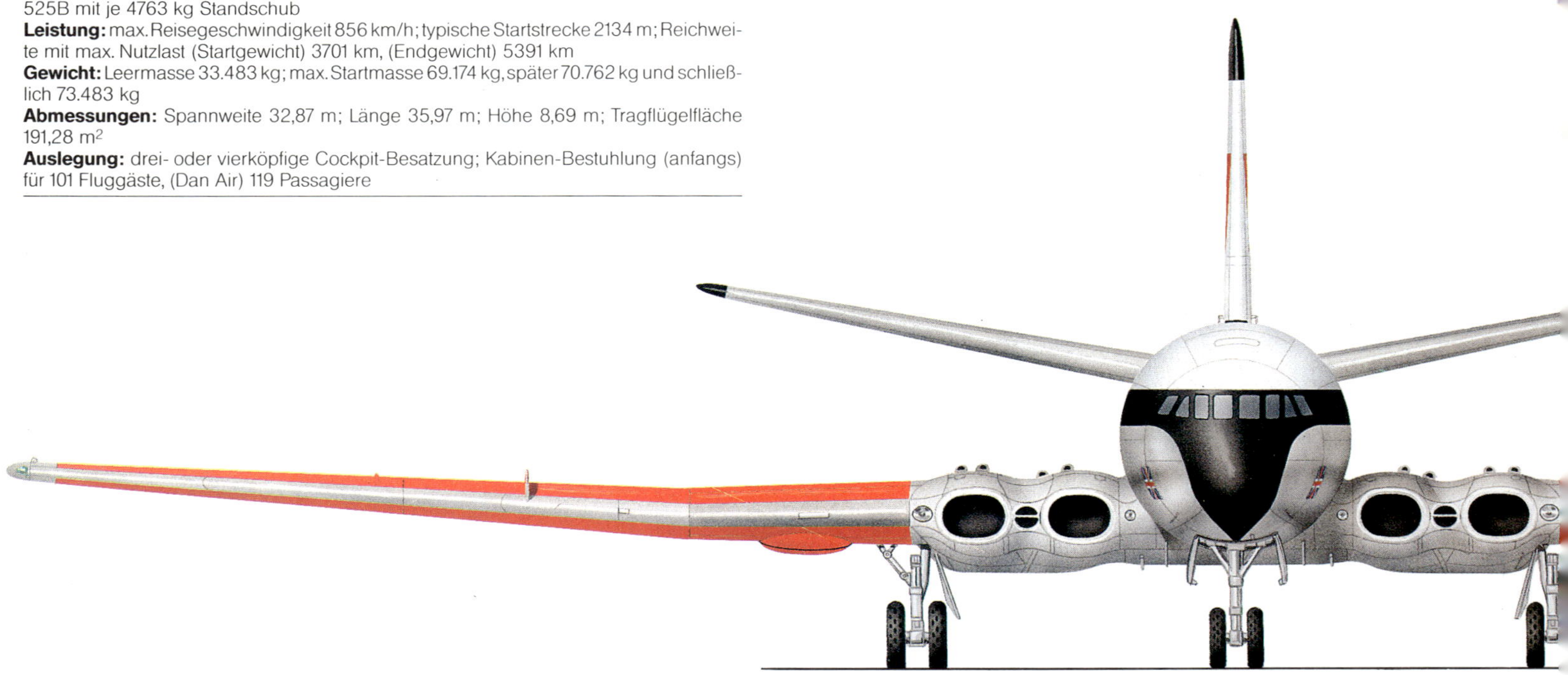

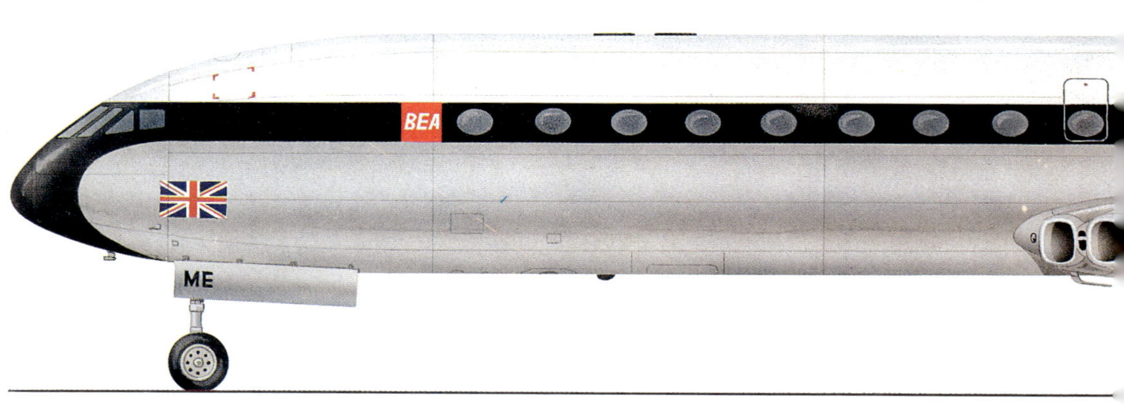

BEA
BEA
G-APME
BEA
BEA
M. Badrocke

NAMC YS-11

Die YS-11 war eines von vielen Designs, die auf den Ersatz der Douglas DC-3 auf den Flugnetzen der inländischen Gesellschaften zugeschnitten war. Sie erwies sich in der Auslegung der Avro 748 sehr ähnlich, war aber mit 60 Sitzen erheblich größer. Der Typ verkaufte sich im inländischen Markt gut, wobei Toa, JDA (dargestellt) und All Nippon die Hauptkunden darstellten und sie ist bis heute bei Japan Air System in Betrieb, dem neuen Namen der Toa Domestic Airlines, die wiederum aus dem Zusammenschluß von Toa und JDA hervorgegangen war. JA8648 war die 14. YS-11 und die dritte für JDA. Sie ist heute nicht mehr in Betrieb, allerdings umfaßt die Japan Air Service Flotte noch sieben YS-11-100 des ursprünglichen Tod/JDA Umfangs.

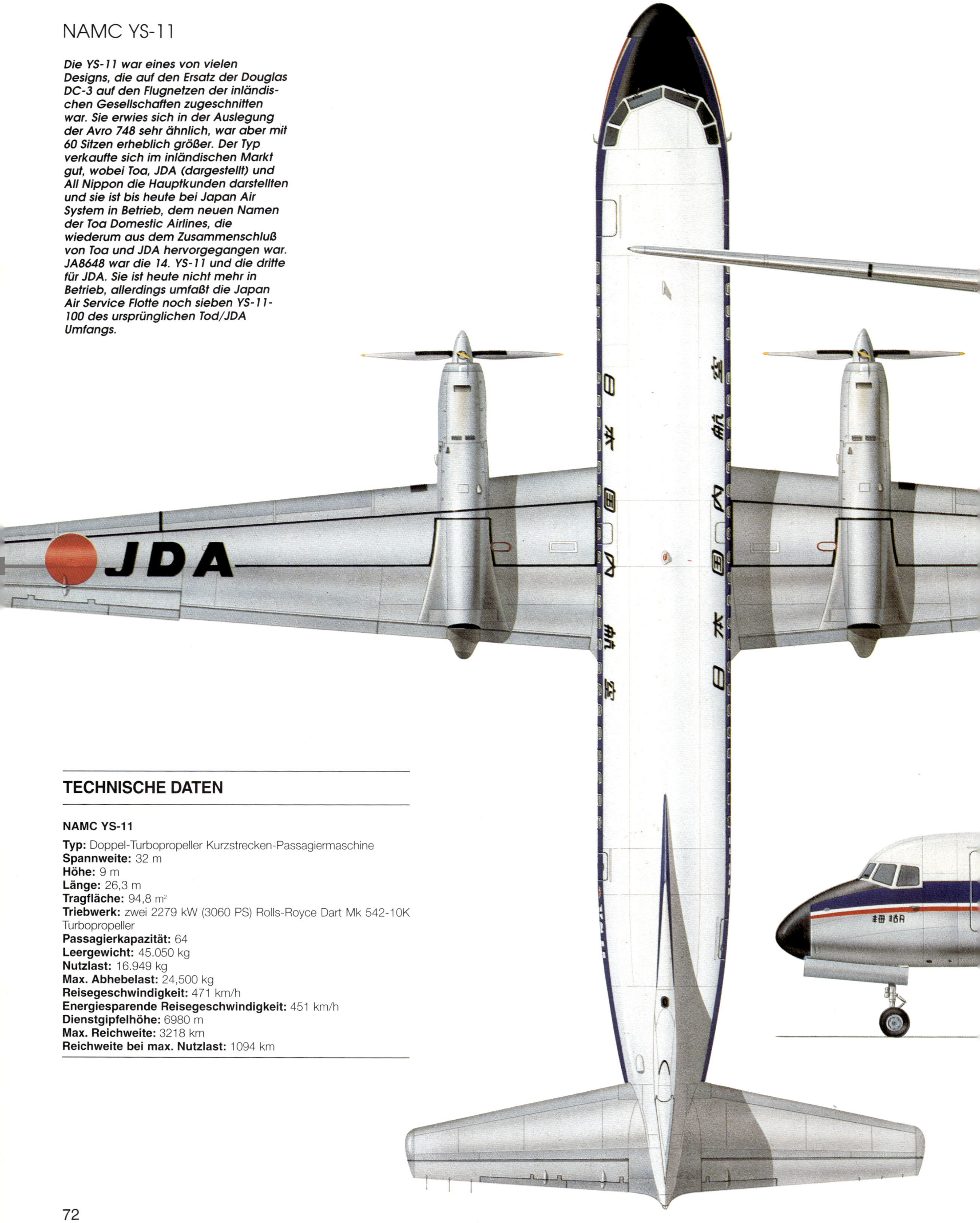

TECHNISCHE DATEN

NAMC YS-11

Typ: Doppel-Turbopropeller Kurzstrecken-Passagiermaschine
Spannweite: 32 m
Höhe: 9 m
Länge: 26,3 m
Tragfläche: 94,8 m^2
Triebwerk: zwei 2279 kW (3060 PS) Rolls-Royce Dart Mk 542-10K Turbopropeller
Passagierkapazität: 64
Leergewicht: 45.050 kg
Nutzlast: 16.949 kg
Max. Abhebelast: 24,500 kg
Reisegeschwindigkeit: 471 km/h
Energiesparende Reisegeschwindigkeit: 451 km/h
Dienstgipfelhöhe: 6980 m
Max. Reichweite: 3218 km
Reichweite bei max. Nutzlast: 1094 km

JA8648
JA8648
JDA
日本国内航空
YS-11
Mike Badrocke

Vickers Vanguard Typ 952

Die G-APEE „Euryalus" war die vorletzte für die BEA gebaute Vanguard 951. Ab der siebten Serienmaschine war der Typ V.953 mit einem höheren Gesamtgewicht für eine etwas kürzere Reichweite zugelassen als die V.951. Als die BEA von diesen Plänen erfuhr, änderte sie ihre Bestellung auf sechs V.951 und 14 V.953. Weil die Produktion jedoch schon zu weit fortgeschritten war, ließen sich die ersten sechs Maschinen nicht mehr umbestellen. Ab 1960 kam die Vanguard auf der Streckenerprobung zum Einsatz. In der letzten Woche dieser Erprobung verzögerte sich die endgültige Indienststellung noch durch eine Panne mit dem Stromversorgungsaggregat. Die BEA hatte schon den Sommerflugplan mit der Vanguard geplant und war sehr verärgert über die Verzögerung. Bis Dezember waren die Probleme behoben, und die G-APEE kam ab 2. Dezember von Stansted aus für die Einweisung der Besatzungen zum Einsatz. Bedauerlicherweise währte ihr Dienst bei der BEA keine fünf Jahre: Die Anfang Dezember 1960 ausgelieferte „Euryalus" ging am 27. Oktober 1965 verloren, als sie bei Nebel in Heathrow über die Landebahn hinausschoß und zu Bruch ging.

TECHNISCHE DATEN

Vickers Vanguard Typ 952
Spannweite: 36,17 m
Länge: 37,21 m
Höhe: 10,39 m
Tragflügelfläche: 142 m²
Triebwerke: 4 Rolls-Royce Tyne R.Ty11 Mk.512 Propeller-Turbinen-Luftstrahl-Triebwerke je 4131 kW in Verbindung mit de-Havilland-Vierblatt-Luftschrauben mit Segel- und Bremsstellungen
Passagiere: 139
Gewicht: Leermasse 37.422 kg; Treibstoff 18.597 kg; Höchstnutzlast 16.783 kg; Starthöchstmasse 66.452 kg
Höchstgeschwindigkeit: 684 km/h
Reisegeschwindigkeit: 676 km/h
Dienstgipfelhöhe: 9144 m
Reichweite: maximal 4988 km; mit Höchstzuladung 2945 km

Obwohl das Muster vergleichbaren westlichen Maschinen in bezug auf Flugleistung, Technologie und Komfort weit unterlegen war, hatte die riesige Il-14-Flotte einen ganz entscheidenden Anteil am Aufbau des Luftverkehrs in den ehemaligen Ostblockstaaten. Die polnische Staatslinie LOT betrieb sowohl Il-12 als auch Il-14 unterschiedlichster Versionen auf ihren inländischen Kurzstrecken. Auch heute noch kommt dieser Typ zum Einsatz, vor allem in China und Rußland, das zivile und militärische Il-12 und Il-14 als Mehrzwecktransporter betreibt.

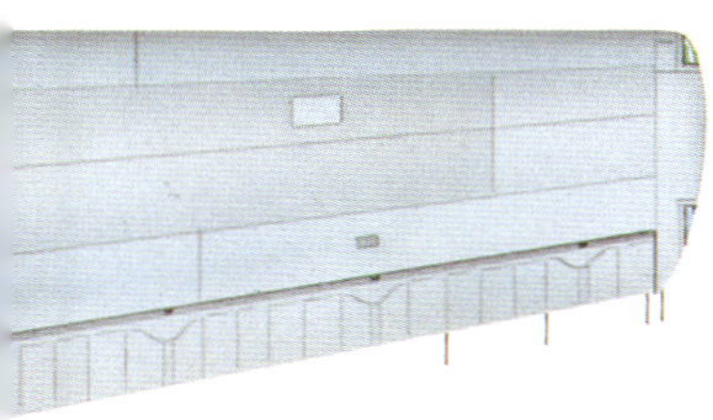

TECHNISCHE DATEN

Iljuschin Il-14M
Typ: kolbenmotorgetriebenes Kurzstreckenverkehrsflugzeug
Triebwerk: zwei Sternmotoren Schwezow ASh-82T mit je 1417 kW (1926 PS)
Leistung: Reisegeschwindigkeit in 3000 m Höhe 320 km/h; max. Reisegeschwindigkeit 350 km/h; max. Reichweite 1750 km; Startlaufstrecke mit Höchststartgewicht 990 m; Landestrecke mit max. Landegewicht 839 m; Gipfelhöhe 7400 m
Gewicht: Leermasse 12.600 kg; max. Startmasse 17.500 kg; max. Landemasse 17.250 kg; max. Tankkapazität 350 Liter
Abmessungen: Spannweite 31,70 m; Länge 21,30 m; Höhe 7,80 m; Tragflügelfläche 100 m^2
Besatzung/Passagiere: 4 (Cockpit) und bis zu 32 Passagiere

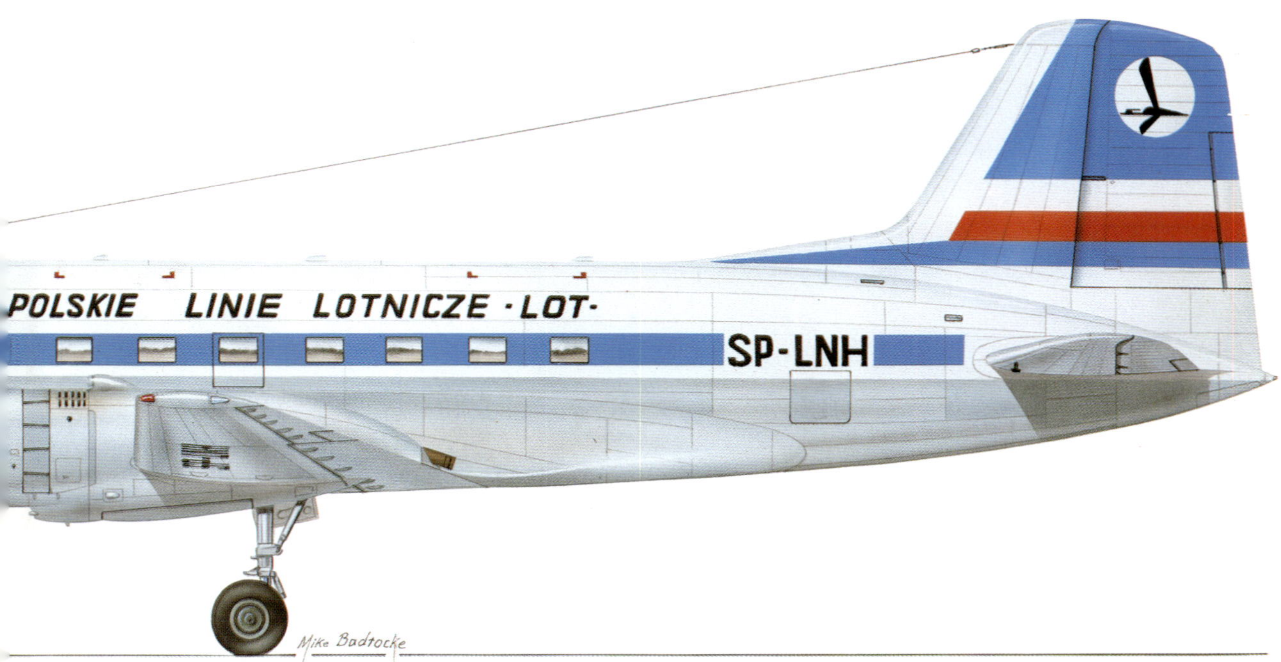

Canadair CL-215

TECHNISCHE DATEN

Canadair CL-215
Typ: Löschflugzeug und Mehrzweck-Amphibium
Triebwerk: zwei 18-Zylinder-Sternmotoren Pratt & Whitney-R-2800-CA3 mit je 2100 PS
Leistung: Reisegeschwindigkeit 291 km/h; max. Steiggeschwindigkeit in Bodennähe 305 m/min; Startstrecke bis auf 15 m Höhe 811 m bei Landstart, 800 m bei Wasserstart; Überziehgeschwindigkeit 123 km/h; Landestrecke aus 15 m Höhe 732 m auf Land, 835 m auf Wasser; Reichweite 2095 km
Gewicht: Leermasse 12.160 kg; max. Startmasse 19.731 kg bei Landstart, 17.100 kg bei Wasserstart; max. Nutzlast (Wasserbomber) 5443 kg
Abmessungen: Spannweite 28,60 m; Länge 19,82 m; Höhe (an Land) 8,92 m; tragende Fläche 100,33 m²

*Die Canadair **CL-215** ist speziell zur schnellen, wirksamen und kostengünstigen Brandbekämpfung konstruiert. Kernstück der Maschine bilden ihre Wassertanks mit einer Kapazität von **5346** Liter. Sie lassen sich im Tiefstflug aus einem See, Fluß oder dem ruhigen Meer auffüllen, indem zwei Sonden am Unterrumpf ausgefahren werden, die unter Nutzung des Staudrucks in rund zehn Sekunden die benötigte Wassermenge ansaugen. Danach zieht man die Sonden wieder ein, und die **CL-215** setzt ihre Löscharbeit fort. Über dem Brandherd werden zwei Klappen geöffnet und die Wasserlast in einer Sekunde abgeworfen. Um eine optimale Löschwirkung zu erzielen, erhielt die neue turbopropgetriebene **CL-215T** zwei Arten von Klappen. Sie kann ihre Wasserlast entweder auf einmal oder in zwei aufeinanderfolgenden Schüben abwerfen.*

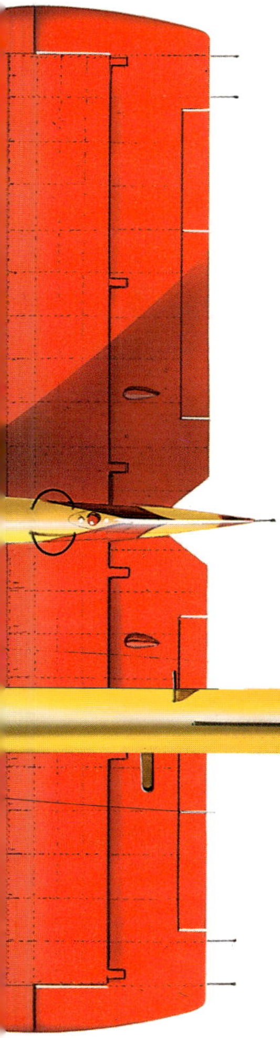

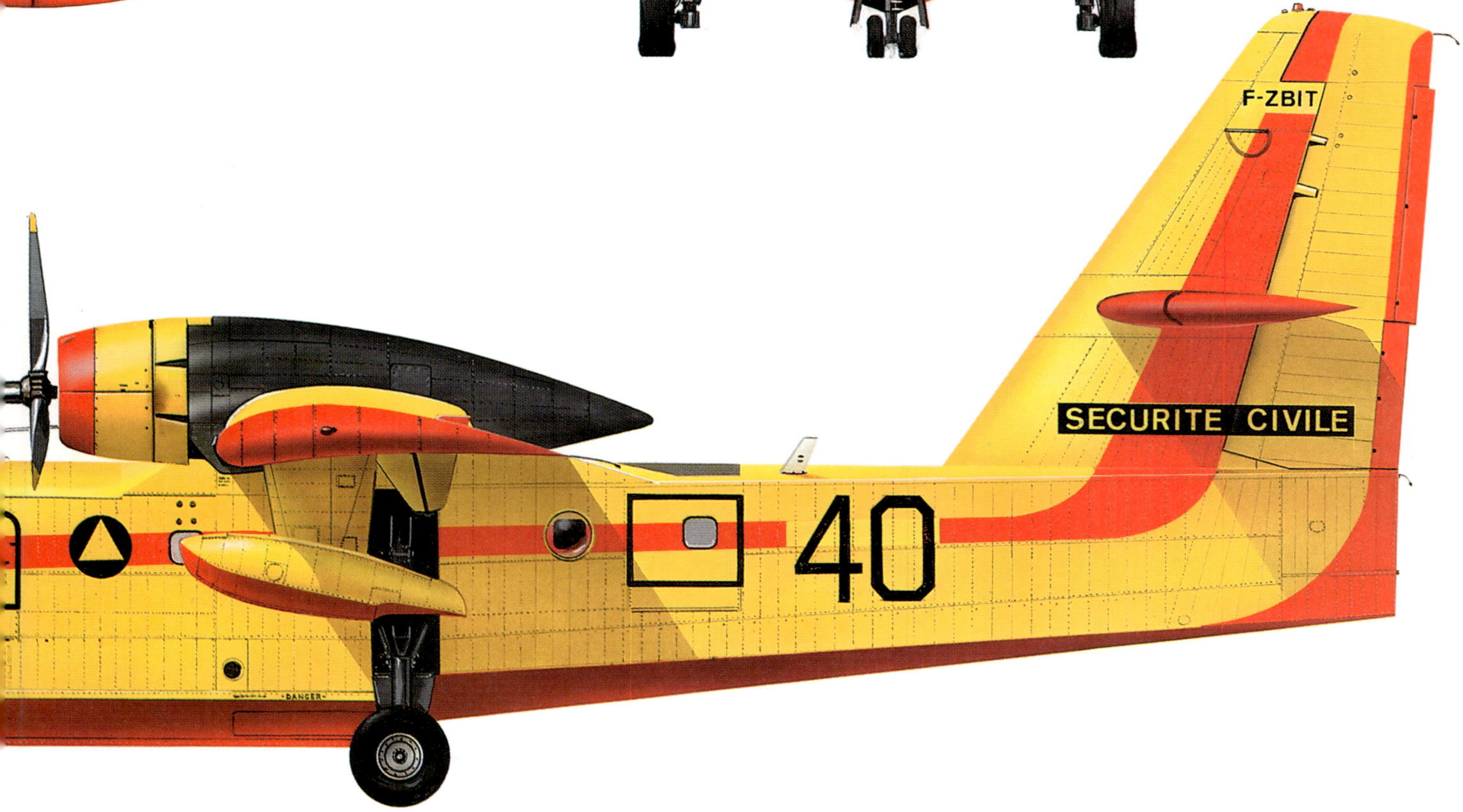

BAC (Vickers) Type 1151 Super VC10

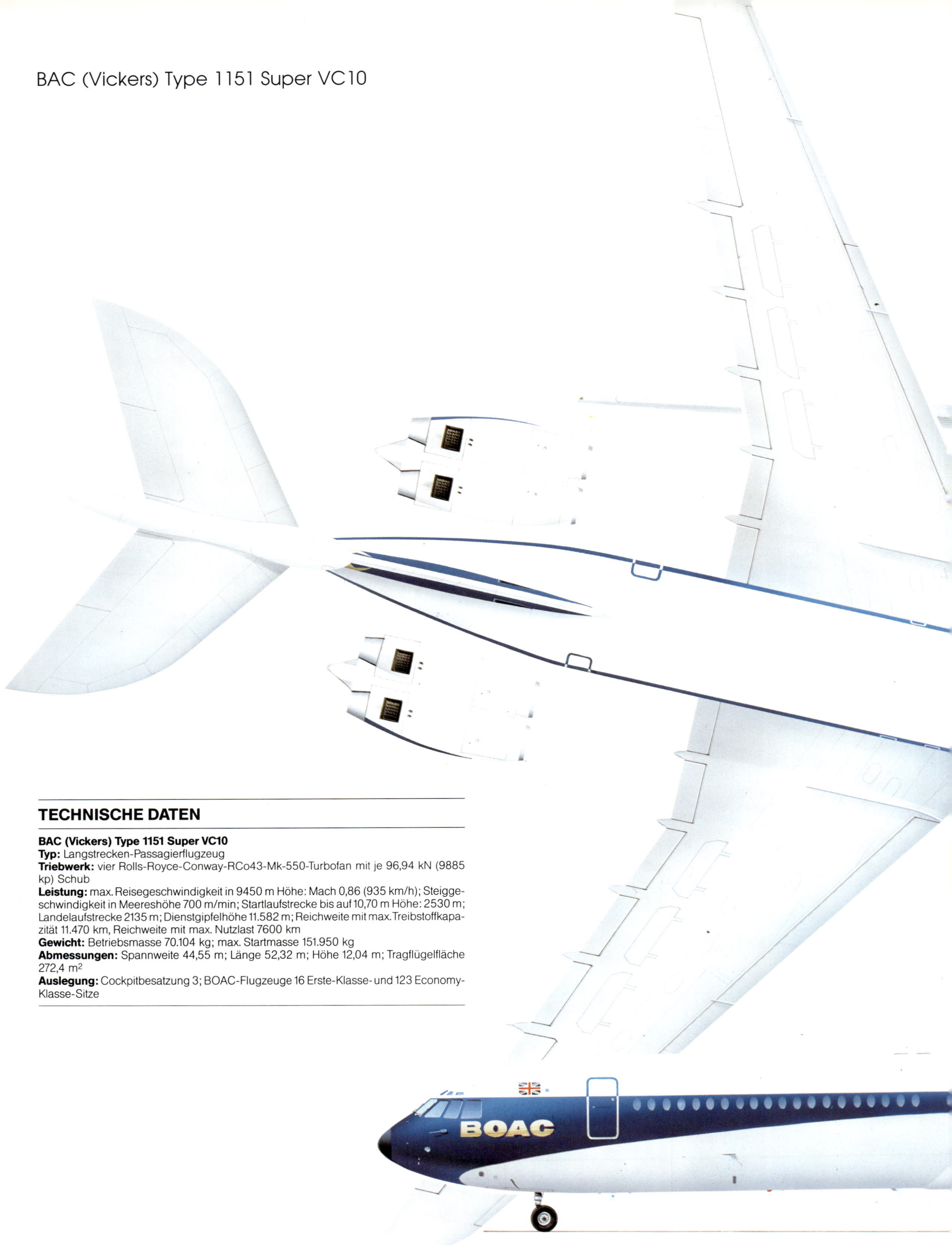

TECHNISCHE DATEN

BAC (Vickers) Type 1151 Super VC10
Typ: Langstrecken-Passagierflugzeug
Triebwerk: vier Rolls-Royce-Conway-RCo43-Mk-550-Turbofan mit je 96,94 kN (9885 kp) Schub
Leistung: max. Reisegeschwindigkeit in 9450 m Höhe: Mach 0,86 (935 km/h); Steiggeschwindigkeit in Meereshöhe 700 m/min; Startlaufstrecke bis auf 10,70 m Höhe: 2530 m; Landelaufstrecke 2135 m; Dienstgipfelhöhe 11.582 m; Reichweite mit max. Treibstoffkapazität 11.470 km, Reichweite mit max. Nutzlast 7600 km
Gewicht: Betriebsmasse 70.104 kg; max. Startmasse 151.950 kg
Abmessungen: Spannweite 44,55 m; Länge 52,32 m; Höhe 12,04 m; Tragflügelfläche 272,4 m^2
Auslegung: Cockpitbesatzung 3; BOAC-Flugzeuge 16 Erste-Klasse- und 123 Economy-Klasse-Sitze

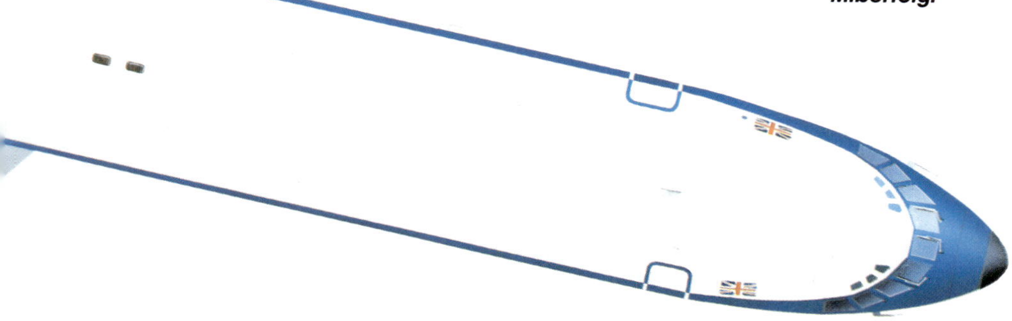

Die Super VC10 wurden nur von BOAC und EAA eingeführt, wenn auch BOAC aus wirtschaftlichen Erwägungen lieber Boeing 707 gekauft hätte. Im Flugbetrieb bewährten sich die VC10. Eine Maschine wurde allerdings abgeschrieben, und eine andere von Terroristen in Jordanien gesprengt. Bei ihren Besatzungen war die VC10 wegen ihrer hohen Leistungsreserven und außergewöhnlich guten Flugeigenschaften sehr beliebt. Verglichen mit der DC-8 und der Boeing 707 war die Individualität der VC10 zwar beeindruckend und ihr Komfort unvergleichlich, rein wirtschaftlich betrachtet war sie jedoch ein Mißerfolg.

Tupolew Tu-114 „Cleat"

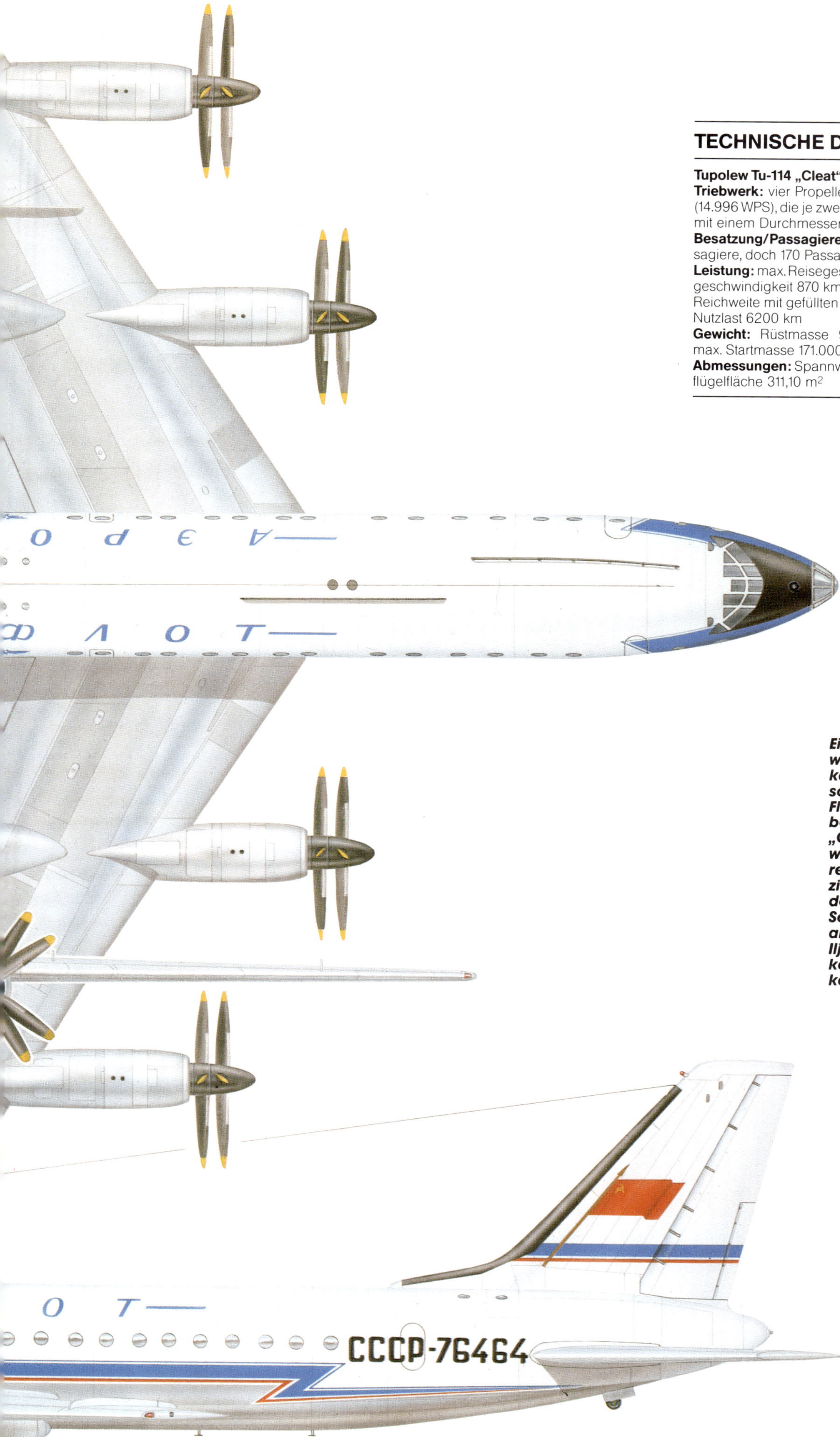

TECHNISCHE DATEN

Tupolew Tu-114 „Cleat“
Triebwerk: vier Propellerturbinen Kusnetzow NK-12MV mit je 11.018 kW (14.996 WPS), die je zwei gegenläufige Vierblatt-Doppelpropeller AV-60H mit einem Durchmesser von 5,60 m antreiben
Besatzung/Passagiere: fünf (Cockpit), fünf (Kabine) und max. 220 Passagiere, doch 170 Passagiere in der Standardauslegung bei Aeroflot
Leistung: max. Reisegeschwindigkeit 770 km/h in 9000 m Höhe; Höchstgeschwindigkeit 870 km/h in 8000 m Höhe; Dienstgipfelhöhe 12.000 m; Reichweite mit gefüllten Tanks und 15.000 kg Nutzlast 8950 km, mit max. Nutzlast 6200 km
Gewicht: Rüstmasse 91.000 kg; normale Startmasse 164.000 kg; max. Startmasse 171.000 kg
Abmessungen: Spannweite 51.10 m; Länge 54,10 m; Höhe 15,50 m; Tragflügelfläche 311,10 m^2

Eine der erfolgreichsten Tu-114-Dienste war die Aeroflot/JAL-Poolstrecke Moskau–Tokio mit gemischten japanisch-sowjetischen Besatzungen an Bord. Die Flugzeuge trugen zu den Aeroflot-Farben das Logo der Japan Air Lines. Die „Cleat“ hatte keine beachtliche Reichweite, galt aber in den sechziger Jahren wegen ihrer großen Nutzlastkapazität und hohen Geschwindigkeit als das prestigeträchtigste Flugzeug der Sowjetunion. Ihr Ruhm verblaßte erst, als Aeroflot 1967 die vierstrahlige Iljuschin Il-62 in Dienst stellte. Aeroflot konnte mit ihren Tu-114 wichtige Interkontinental-Erfahrungen sammeln.

LET L-410UVP-E Turbolet

TECHNISCHE DATEN

LET L-410UVP-E Turbolet
Typ: allgemeines leichtes Transportflugzeug
Triebwerk: zwei Turboprop Motorlet Walter M 601E mit je 559 kW (760 WPS) für den Antrieb je eines umstellbaren Fünfblattpropellers mit konstanter Drehzahl; Wassereinspritzung erhöht die Leistung für kurze Zeit auf 603 kW (819 WPS)
Leistung: max. Reisefluggeschwindigkeit 380 km/h in 4200 m Höhe; Überziehgeschwindigkeit 121 km/h; Startstrecke 445 m; Landestrecke 240 m; Dienstgipfelhöhe 6320 m; max. Steigrate 444 m/min; Reichweite bei max. Reisefluggeschwindigkeit und max. Nutzlast 546 km, mit max. Treibstoff und 885 kg Nutzlast 1380 km
Gewicht: Leermasse 3985 kg; leer, aber mit Ausrüstung 4160 kg; max. Startmasse 6400 kg; max. Treibstoffmenge 1300 kg
Abmessungen: Spannweite einschließlich Flügelendentanks 20 m; Länge 14,42 m; Höhe 5,83 m; Leitwerksspannweite 6,74 m; Tragflügelfläche 35,18 m²
Besatzung/Passagiere: 1 oder 2 (Cockpit) und 19 Passagiere in Standard-Auslegung mit 76 cm Sitzabstand; Luftambulanz-Konfiguration für sechs Bahren und fünf sitzende Patienten sowie einen Begleiter; max. Nutzlast 1615 kg

Das herausragende Merkmal der L-410UVP-E sind ihre Fünfblattpropeller. Die abgebildete Maschine trägt die Farben der Aeroflot, bei der dieser tschechische Typ zusammen mit der in der Sowjetunion konstruierten, aber in Polen gebauten Antonow An-28 auf regionalen Strecken innerhalb der einstigen UdSSR in Dienst stand. Das Muster läßt sich von 15 auf 19 Passagiersitze umrüsten oder auch als Frachtflugzeug und Luftambulanz verwenden. Zu den Aeroflot-Anforderungen gehörte die Einsatzfähigkeit bei Temperaturen von –50° C bis +50° C.

СССР-67551
СССР-67551
СССР-67551
ЭРОФЛОТ

Canadair CL-44 D-4

Die CL-44 D-4-2, die 1961/62 an die Flying Tiger Line gingen, besaßen keine Kabinenfenster, sondern waren von Anfang an für den Einsatz auf dem großen Streckennetz dieser Frachtlinie ausgelegt. Die CL-44 stammte zwar offenkundig von der Britannia ab, war aber bedeutend stärker und leistungsfähiger. Ihr Schwenkheck ermöglichte schnelles Be- und Entladen sperriger Güter, doch sie hatte auch die seitlichen Frachtladetüren beibehalten. Die abgebildete Maschine wurde am 31. Mai 1961 ausgeliefert und später zur ersten und einzigen Conroy CL-44-0 umgebaut. In dieser neuen Gestalt absolvierte sie am 26. November 1969 ihren zweiten Flug.

TECHNISCHE DATEN

Canadair CL-44 D-4
Spannweite: 43,38 m
Länge: 41,73 m
Höhe: 11,76 m
Tragflügelfläche: 192,76 m^2
Triebwerke: vier Propellerturbinen Rolls-Royce Tyne Mk. 515/10 mit je 4275 kW (5812 WPS)
Leermasse: 40.349 kg
Max. Startmasse: 95.256 kg
Passagierkapazität: 178
Höchstgeschwindigkeit: 621 km/h
Reisegeschwindigkeit: 464 km/h
Dienstgipfelhöhe: 9144 m
Max. Reichweite: 8991 km
Reichweite (mit Höchstnutzlast): 5246 km

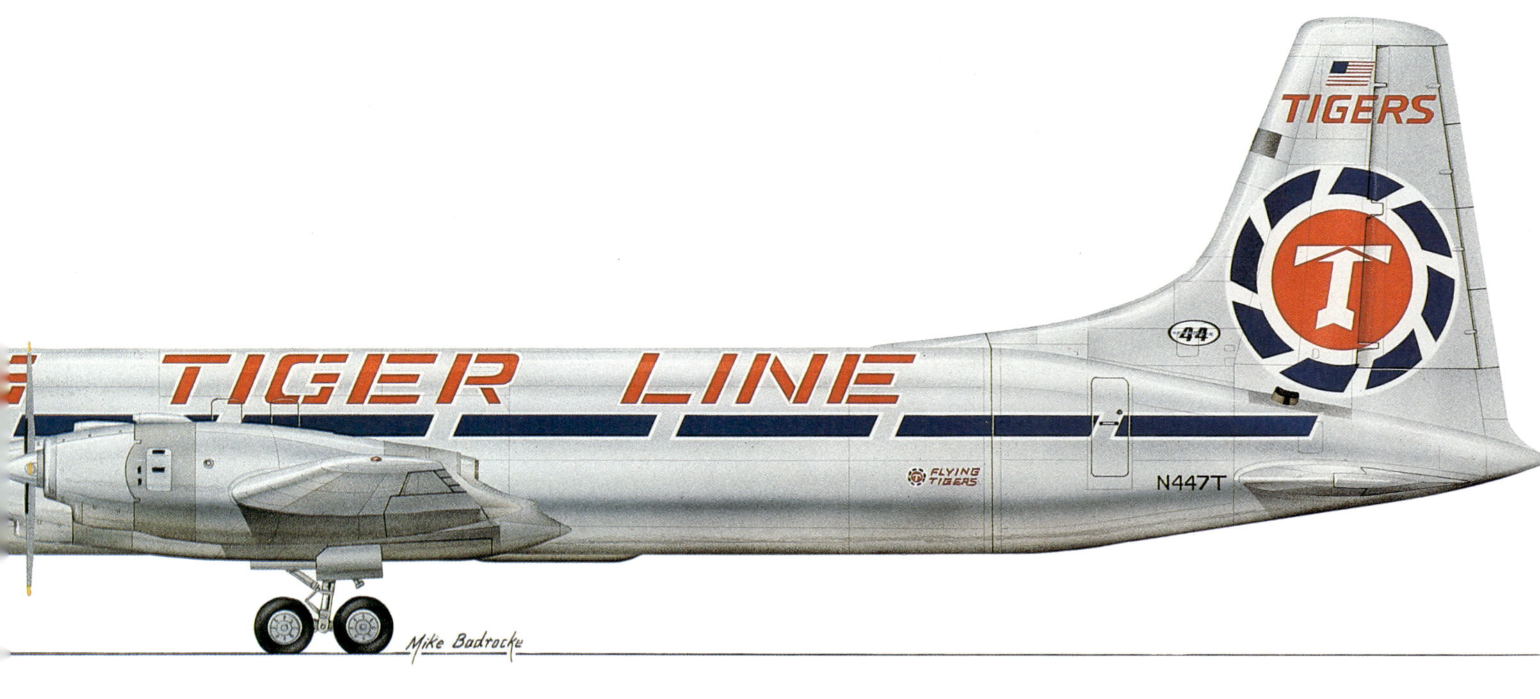

Iljuschin Il-18

Von der großen Familie der viermotorigen Turboprops, darunter Britannia, Vanguard und Electra, blieb die Il-18 am längsten im Dienst. Sie gilt zwar nach heutigem westlichem Standard als recht primitiv, fliegt aber nach wie vor in einigen weniger weit entwickelten Ländern. Die abgebildete Maschine mit AI-20M-Antrieb trägt die Farben der inzwischen erloschenen chinesischen CAAC. Seit 1984 ist CAAC in verschiedene Regionalgesellschaften aufgegliedert, und alle Il-18 sind ausgemustert.

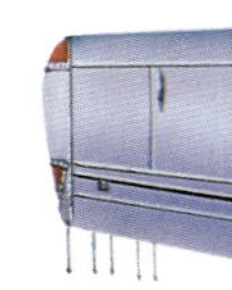

TECHNISCHE DATEN

Iljuschin Il-18
Typ: Mittelstreckentransporter
Triebwerk: vier Turboprop Iwtschyjenko AI-20K oder -M mit je 2983 kW (4000 WPS) beziehungsweise 3169 kW (4250 WPS)
Leistung: max. Reisegeschwindigkeit (Il-18V) 650 km/h, (Il-18D/E) 675 km/h; Dienstgipfelhöhe 10.000 m; Startlaufstrecke (Il-180) 1300 m, (Il-18E) 1100 m; Reichweite mit max. Treibstoffkapazität (Il-18D) 6500 km, (Il-18E) 5200 km; Reichweite mit max. Nutzlast (Il-18D) 3700 km, (Il-18E) 3200 km
Gewicht: Rüstmasse (Il-18D) 35.000 kg, (Il-18E) 34.630 kg; max. Startmasse (Il-18D) 64.000 kg, (Il-18E/V) 61.200 kg
Abmessungen: Spannweite 37,40m; Länge 35,90 m; Höhe 10,17 m; Tragflügelfläche 140 m²

国民航
B-212

Einer der farbenfreudigsten Airliner ist diese für Pan American gebaute 707-321B, die anschließend, wie zahlreiche andere 707, nach Israel überführt wurde. Dort wurde die Maschine überholt und für den reinen Frachtdienst ausgerüstet. Die israelische Organisation Atasco besorgte die Übergabe des Flugzeugs an Ecuatoriana, die nationale Fluggesellschaft Ecuadors, die sich für die technische Betreuung ihrer gesamten Boeing-Flotte auf israelische Kräfte stützt. Planmäßige Frachtflüge ebenso wie Charterlufttransporte führen von Quito und Guyaquil zu Ballungszentren im amerikanischen Raum, gelegentlich auch über den Atlantik. Wie die meisten heutigen 707 ist die Maschine nicht mit einer Kielflosse, sondern mit der hohen Seitenflosse ausgestattet. Die Abbildung zeigt die Boeing mit geöffneten Hauptfahrwerksschachtklappen wie bei der Routinewartung. An Tragflächen und Höhenflossen sind Vortexgeneratoren zu erkennen.

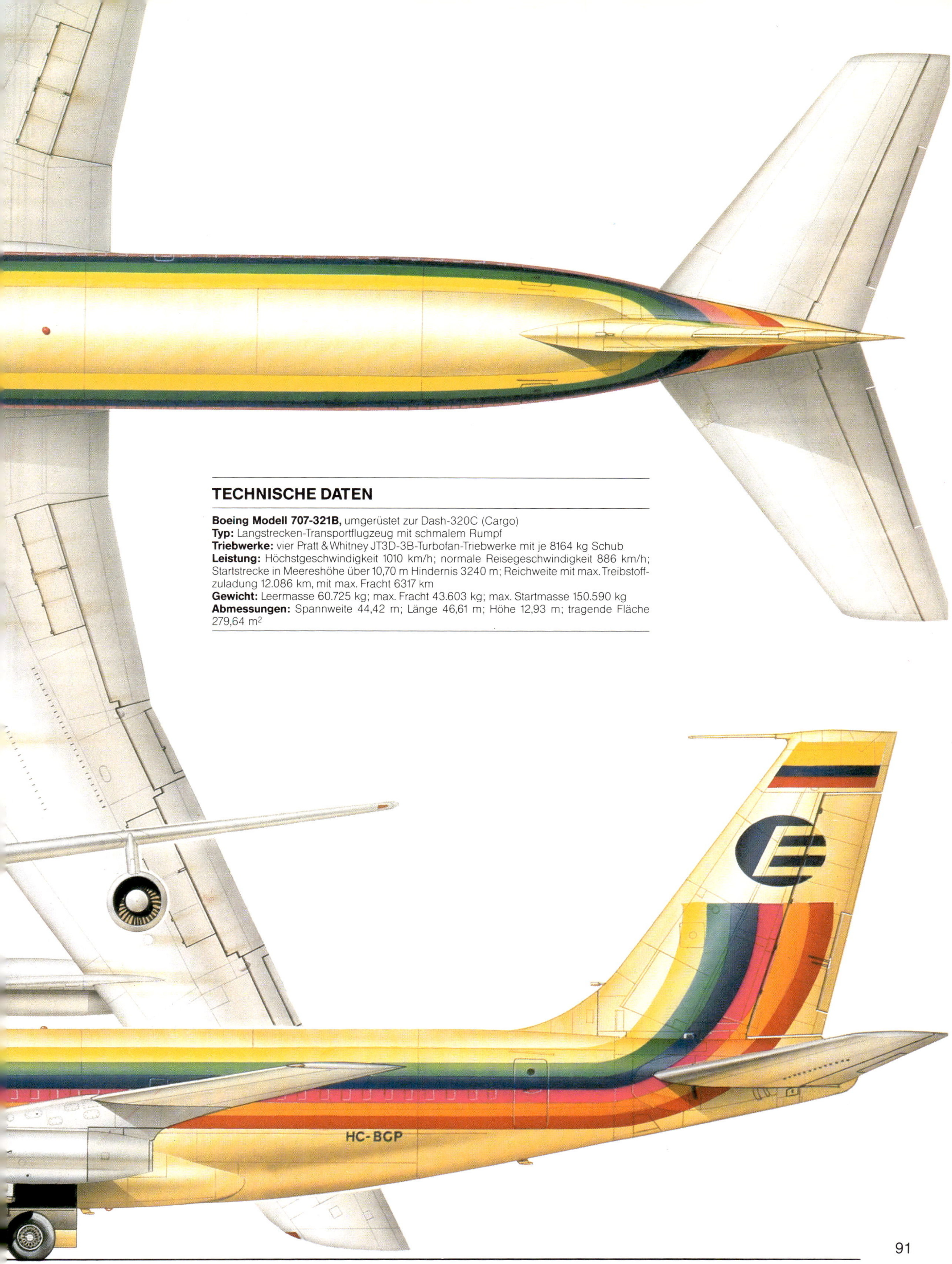

TECHNISCHE DATEN

Boeing Modell 707-321B, umgerüstet zur Dash-320C (Cargo)
Typ: Langstrecken-Transportflugzeug mit schmalem Rumpf
Triebwerke: vier Pratt & Whitney JT3D-3B-Turbofan-Triebwerke mit je 8164 kg Schub
Leistung: Höchstgeschwindigkeit 1010 km/h; normale Reisegeschwindigkeit 886 km/h; Startstrecke in Meereshöhe über 10,70 m Hindernis 3240 m; Reichweite mit max. Treibstoffzuladung 12.086 km, mit max. Fracht 6317 km
Gewicht: Leermasse 60.725 kg; max. Fracht 43.603 kg; max. Startmasse 150.590 kg
Abmessungen: Spannweite 44,42 m; Länge 46,61 m; Höhe 12,93 m; tragende Fläche 279,64 m²

TECHNISCHE DATEN

Rockwell Thrush Commander
Typ: einsitziges Agrarflugzeug
Triebwerk: ein luftgekühlter 9-Zylinder Sternmotor P&W R-1340-AN1 oder -S3H1 mit 608 PS
Leistung: Höchstgeschwindigkeit im Horizontalflug 225 km/h; Reisegeschwindigkeit 177 km/h; Überziehgeschwindigkeit bei eingefahrenen Landeklappen und Normalgewicht 89 km/h
Abmessungen: Spannweite 13,54 m; Gesamtlänge 8,95 m; Höhe 2,79 m
Gewicht: Rüstmasse 1791 kg; max. Startmasse 3130 kg

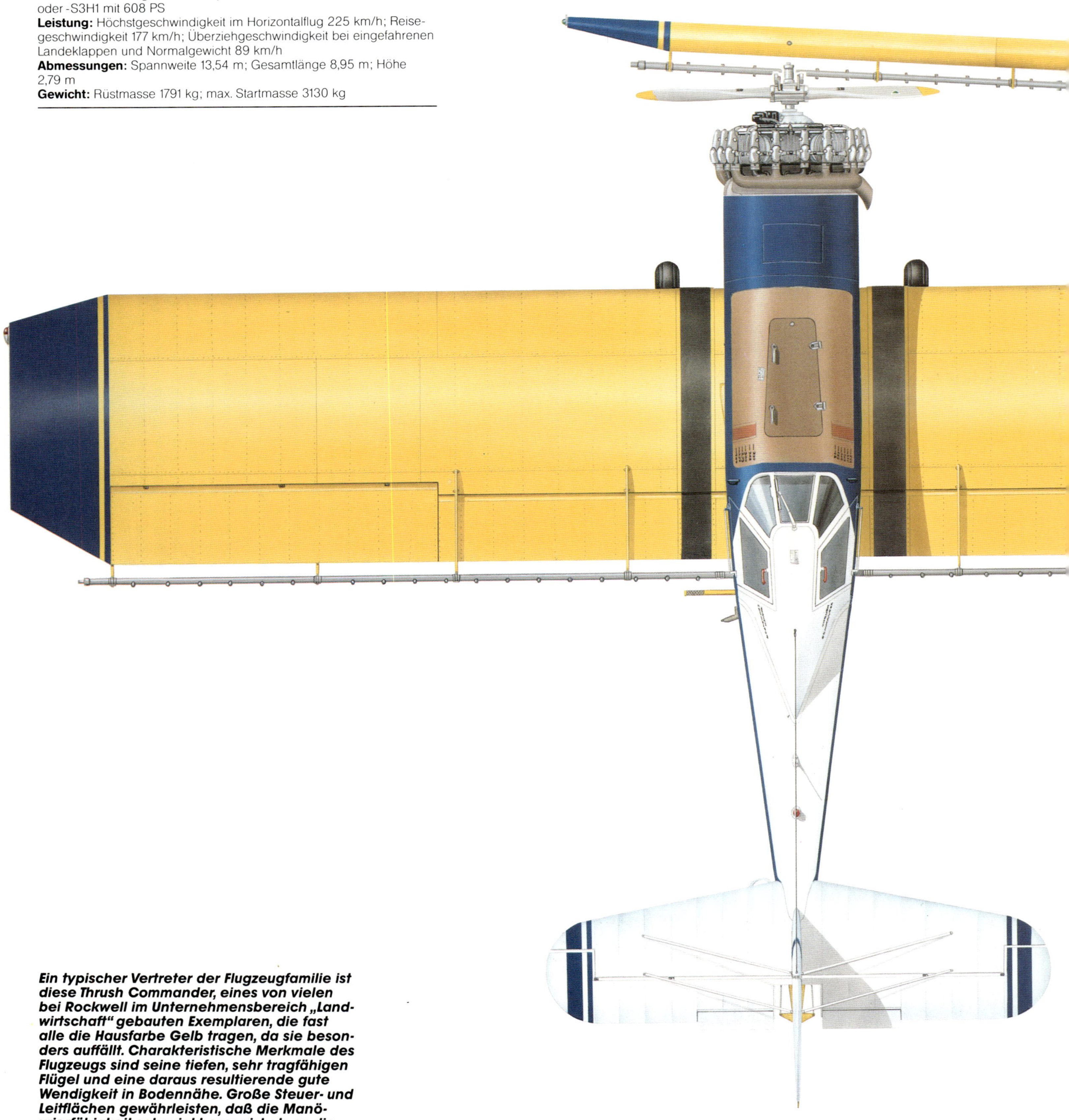

Ein typischer Vertreter der Flugzeugfamilie ist diese Thrush Commander, eines von vielen bei Rockwell im Unternehmensbereich „Landwirtschaft" gebauten Exemplaren, die fast alle die Hausfarbe Gelb tragen, da sie besonders auffällt. Charakteristische Merkmale des Flugzeugs sind seine tiefen, sehr tragfähigen Flügel und eine daraus resultierende gute Wendigkeit in Bodennähe. Große Steuer- und Leitflächen gewährleisten, daß die Manövrierfähigkeit sehr viel besser ist als es die Agrarfliegerei an sich erfordert. Von der Stufe an der Rumpfseite kann der Inhalt des Chemikalienbehälters kontrolliert werden.

Thrush
Commander
RESTRICTED
N8956Q
Mike Badtocke

Martin 2-0-2 und Martin 4-0-4

TECHNISCHE DATEN

Martin 2-0-2
Spannweite: 28,40 m
Länge: 21,70 m
Höhe: 8,60 m
Tragflügelfläche: 80,20 m^2
Passagierkapazität: 32 bis 40
Leermasse: 11.379 kg
Nutzlast: 6719 kg
Max. Startmasse: 18.098 kg
Reisegeschwindigkeit: 445 km/h
Höchstgeschwindigkeit: 492 km/h
Dienstgipfelhöhe: 6888 m
Max. Reichweite: 2510 km

TECHNISCHE DATEN

Martin 4-0-4
Spannweite: 28,40 m
Länge: 22,70 m
Höhe: 8,60 m
Tragflügelfläche: 80,20 m^2
Passagierkapazität: 40
Leermasse: 13.211 kg
Max. Startmasse: 20.366 kg
Reisegeschwindigkeit: 450,7 km/h
Höchstgeschwindigkeit: 502,4 km/h
Dienstgipfelhöhe: 8839 m
Reichweite mit max. Nutzlast: 1488 km
Max. Reichweite: 4185 km

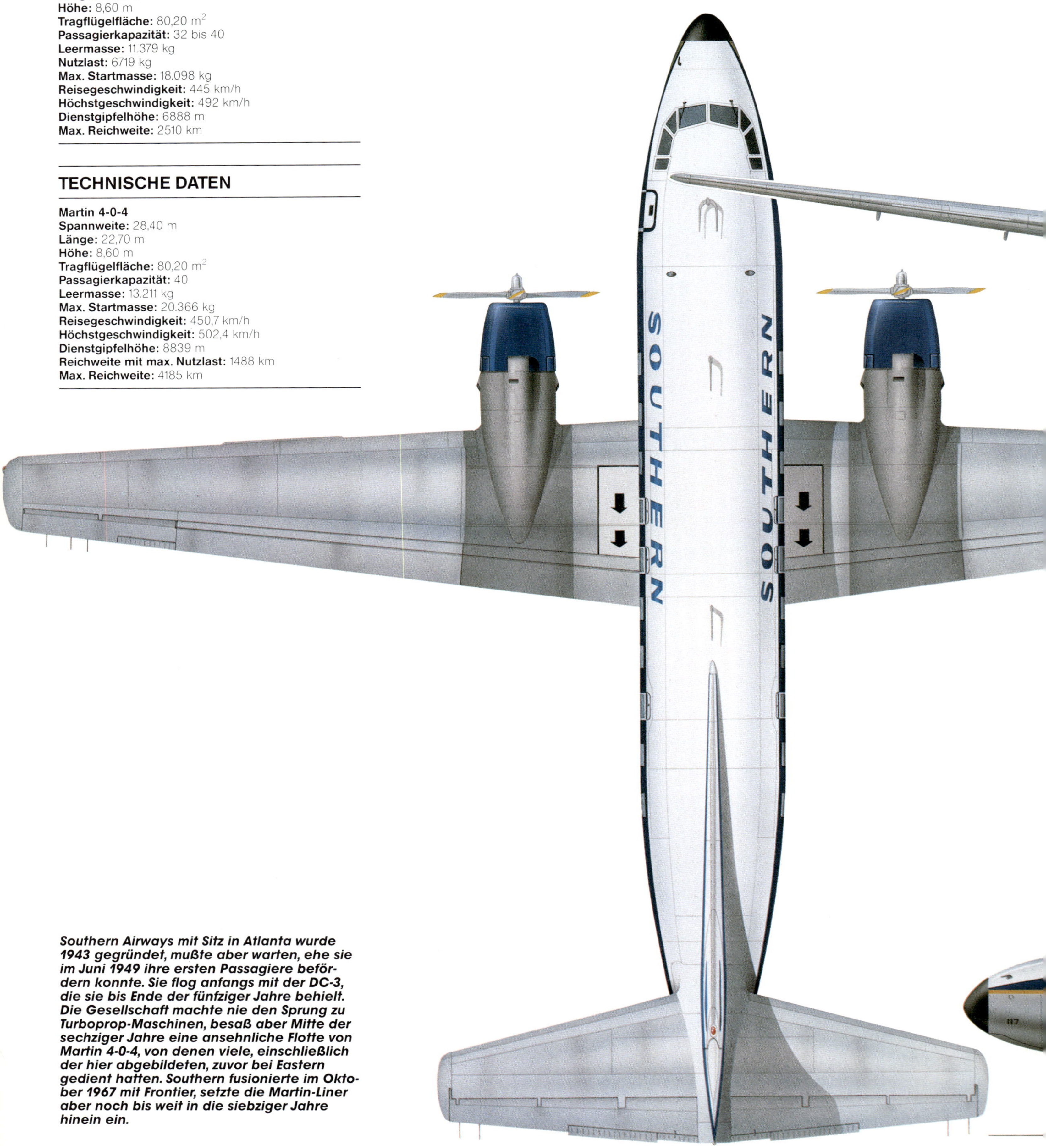

Southern Airways mit Sitz in Atlanta wurde 1943 gegründet, mußte aber warten, ehe sie im Juni 1949 ihre ersten Passagiere befördern konnte. Sie flog anfangs mit der DC-3, die sie bis Ende der fünfziger Jahre behielt. Die Gesellschaft machte nie den Sprung zu Turboprop-Maschinen, besaß aber Mitte der sechziger Jahre eine ansehnliche Flotte von Martin 4-0-4, von denen viele, einschließlich der hier abgebildeten, zuvor bei Eastern gedient hatten. Southern fusionierte im Oktober 1967 mit Frontier, setzte die Martin-Liner aber noch bis weit in die siebziger Jahre hinein ein.

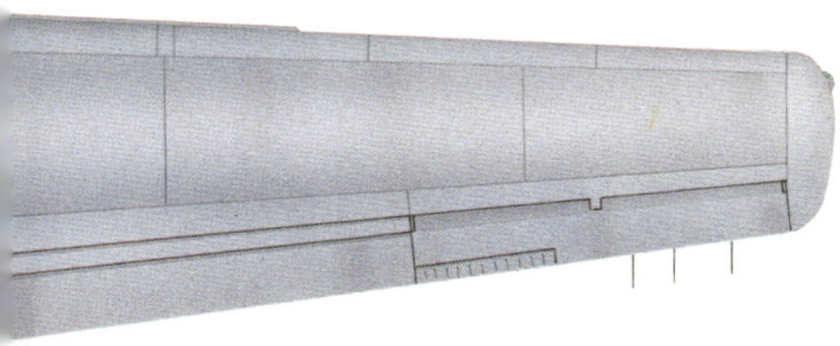

SOUTHERN
N258S
Mike Badrocke

Bristol Typ 175 Britannia Serie 310

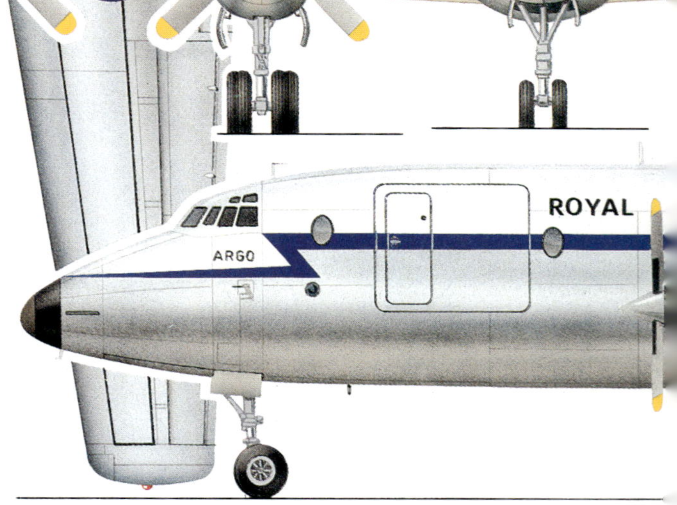

Die Bristol Britannia C.Mk 1 XL 636 war die zweite für die Royal Air Force gebaute Maschine. Sie flog erstmals am 23. April 1959. Am 4. Juni 1959 wurde sie an die No. 99 Squadron übergeben und auf den Namen Argo getauft. Als man Mitte der sechziger Jahre zu einer zentralisierten Instandsetzung überging, wurde die Argo dem „Lyneham Pool" angeschlossen und von Besatzungen der No. 99 und der No. 511 Squadron geflogen. Ein Zwischenfall in der Luft am 14. Februar 1961 erforderte einen Triebwerkswechsel, aber die Argo war rechtzeitig wieder einsatzbereit, um Unterstützungsflüge für die vom Hurrikan „Hattie" verwüsteten Landstriche von Belize durchzuführen. XL 636 wurde am 22.Dezember 1975 außer Dienst gestellt und schließlich an die belgische Firma Young Air Cargo verkauft. Am 13. Mai 1976 überführte man die Maschine nach Brüssel, wo sie unter dem Kennzeichen OO-YCE den Flugbetrieb aufnahm. Doch schon nach kurzer Zeit wurde die XL 636 endgültig außer Dienst gestellt.

TECHNISCHE DATEN

Bristol Typ 175 Britannia Serie 310
Typ: Kommerzielles Langstreckentransportflugzeug
Triebwerke: vier Bristol-755-Turboprop-Triebwerke mit je 4120 WPS
Flugleistung: maximale Geschwindigkeit 639 km/h; Reisegeschwindigkeit 575 km/h; Dienstgipfelhöhe 7315 m; Reichweite mit maximaler Zuladung 6869 km
Gewicht: Leergewicht 37.438 kg; maximales Abfluggewicht 83.915 kg
Abmessungen: Spannweite 43,36 m; Länge 37,87 m; Höhe 11,43 m; Flügelfläche 192,77 m^2

Bristol-Britannia-Varianten

Bristol Typ 175: Originalbezeichnung für die Britannia, die für alle in England gebauten Flugzeuge beibehalten wurde
Britannia 101: zwei Prototypen, G-ALBO mit Mk-625-Triebwerken (später mit zwei Mk 705 und zwei Mk-755, dann mit drei Mk-755 und einem Orion) und G-ALRX mit vier Mk-705-Triebwerken
Britannia 102: Serienmaschiene für BOAC mit kurzem Rumpf und Mk-705-Triebwerken, 15 Exemplare gebaut
Britannia 252: gestreckte Langstreckenversion, von Shorts als Truppentransporter gebaut, flog bei der RAF unter der Bezeichnung C.Mk 2
Britannia 253: von Shorts als Mehrzwecktransportflugzeug gebaut, flog bei der RAF unter der Bezeichnung Britannia C.Mk 1 (No. 99 und No. 511 Squadron), insgesamt 20 Exemplare
Britannia 301: Prototyp der verlängerten zivilen Version, G-ANCA
Britannia 302: zwei gestreckte Maschinen ohne Langstreckentanks für die Aeronaves de Mexico
Britannia 305: fünf Maschinen ähnlich der Serie 302, mit Langstreckentanks, aber einem Strukturlimit von 74.843 kg; von Shorts für Northeast gebaut, aber an andere Kunden verkauft
Britannia 312: 11 Langstreckenflugzeuge für BOAC mit erhöhtem maximalem Abfluggewicht, einige später von anderen Nutzern modifiziert zu
Britannia 312F: Transportversion der 312
Britannia 313: drei Langstreckenmaschinen für die El Al, später gefolgt von einer vierten Maschine sowie einer 305, modifiziert zu
Britannia 306
Britannia 314: sechs Maschinen für Canadian Pacific, gebaut von Shorts
Britannia 318: vier Maschinen für die Cubana
Britannia 324: die zwei letzten gebauten Maschinen, die erst von CPA, später von anderen Firmen geleast wurden
Bristol Typ 189: nicht gebaute Studie für eine MR-Version mit Nomad-Triebwerken
Bristol Typ 195: nicht gebaute Studie eines Hochdeckers für das Militär (führte zur Shorts SC.5 Britannic, entwickelt in Belfast)
Canadair CL-28: MR-Maschine mit Kolbentriebwerk, gebaut für die RCAF als CP-107 Argus Mk 1 (13) und Argus Mk 2 (20)
Canadair CL-44-6: gestreckte Version mit Tyne-Triebwerk für die RCAF als CC-106 Yukon (12)
Canadair CL-44D-4: modifizierte zivile Transportversion mit aufklappbarem Heck, gebaut für Seaboard (sieben CL-44D-4-1), Flying Tiger (12 CL-44D-4-2) und Slick (vier CL-44D-4-6) und in der Passagierversion für Loftleidir (drei CL-44D-4-8)
Canadair CL-44J: weiter gestreckte Passagierversion für Loftleidir (eine neue, drei modifizierte Maschinen)
Canadair CL-440: Spezialanfertigung für Conroy Aircraft, CL-44D-2 mit extrem großem Rumpfdurchmesser

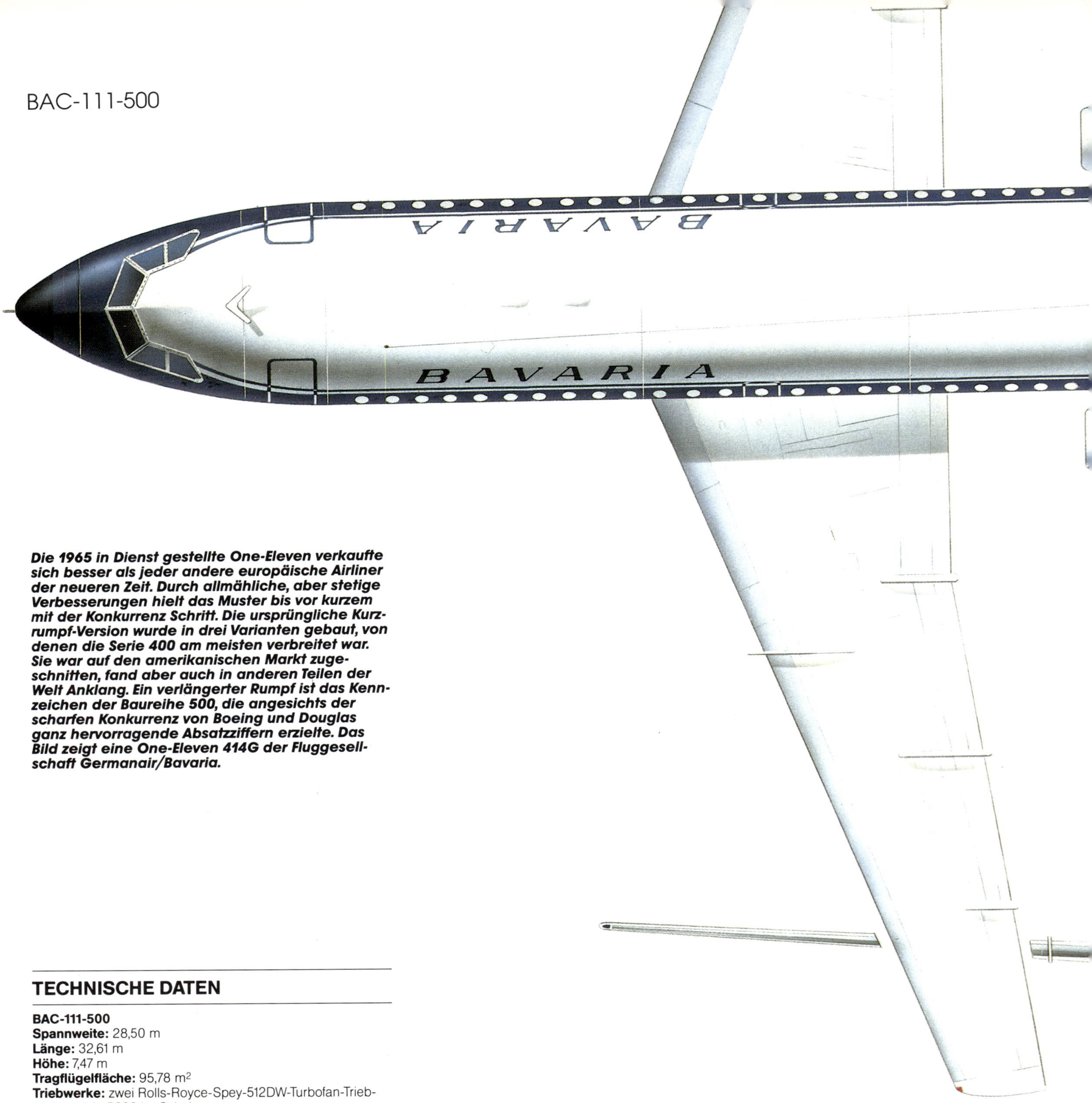

Die 1965 in Dienst gestellte One-Eleven verkaufte sich besser als jeder andere europäische Airliner der neueren Zeit. Durch allmähliche, aber stetige Verbesserungen hielt das Muster bis vor kurzem mit der Konkurrenz Schritt. Die ursprüngliche Kurzrumpf-Version wurde in drei Varianten gebaut, von denen die Serie 400 am meisten verbreitet war. Sie war auf den amerikanischen Markt zugeschnitten, fand aber auch in anderen Teilen der Welt Anklang. Ein verlängerter Rumpf ist das Kennzeichen der Baureihe 500, die angesichts der scharfen Konkurrenz von Boeing und Douglas ganz hervorragende Absatzziffern erzielte. Das Bild zeigt eine One-Eleven 414G der Fluggesellschaft Germanair/Bavaria.

TECHNISCHE DATEN

BAC-111-500
Spannweite: 28,50 m
Länge: 32,61 m
Höhe: 7,47 m
Tragflügelfläche: 95,78 m^2
Triebwerke: zwei Rolls-Royce-Spey-512DW-Turbofan-Triebwerke mit je 5693 kg Schub
Passagierkapazität: 119
Leermasse: 24.454 kg
max. Startmasse: 47.400 kg
max. Reisegeschwindigkeit: 742 km/h
Dienstgipfelhöhe: 10.670 m
max. Reichweite: 3484 km

D-AILY
D-AILY
Holiday Jet

Handley Page H.P.R.7 Dart Herald

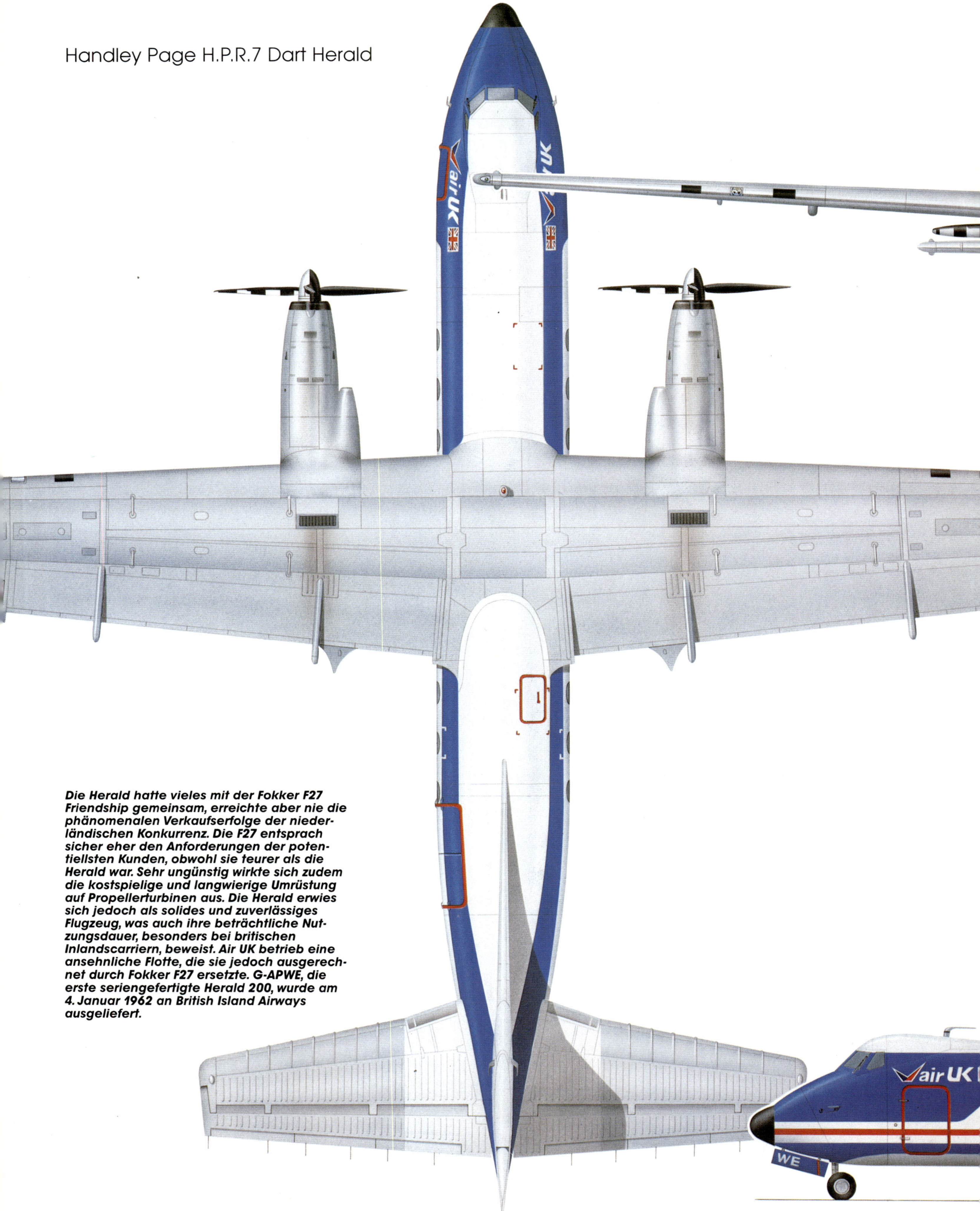

Die Herald hatte vieles mit der Fokker F27 Friendship gemeinsam, erreichte aber nie die phänomenalen Verkaufserfolge der niederländischen Konkurrenz. Die F27 entsprach sicher eher den Anforderungen der potentiellsten Kunden, obwohl sie teurer als die Herald war. Sehr ungünstig wirkte sich zudem die kostspielige und langwierige Umrüstung auf Propellerturbinen aus. Die Herald erwies sich jedoch als solides und zuverlässiges Flugzeug, was auch ihre beträchtliche Nutzungsdauer, besonders bei britischen Inlandscarriern, beweist. Air UK betrieb eine ansehnliche Flotte, die sie jedoch ausgerechnet durch Fokker F27 ersetzte. G-APWE, die erste seriengefertigte Herald 200, wurde am 4. Januar 1962 an British Island Airways ausgeliefert.

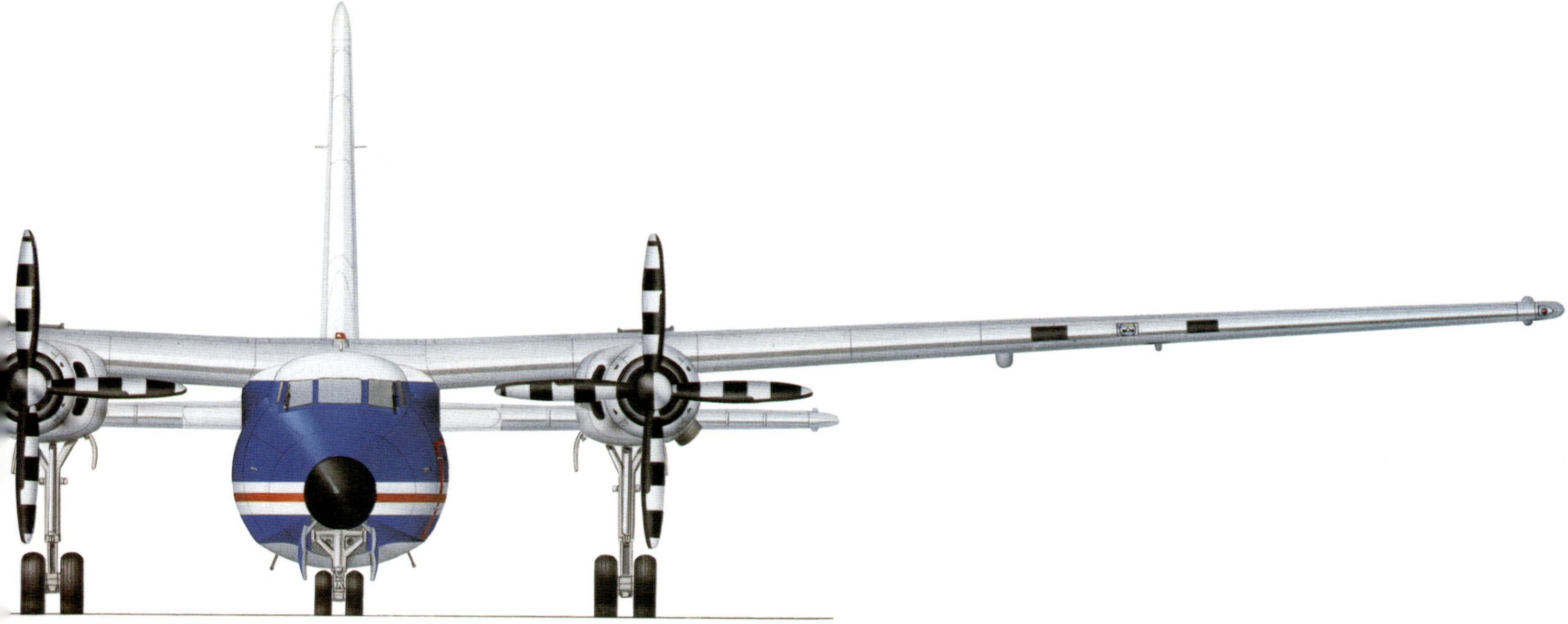

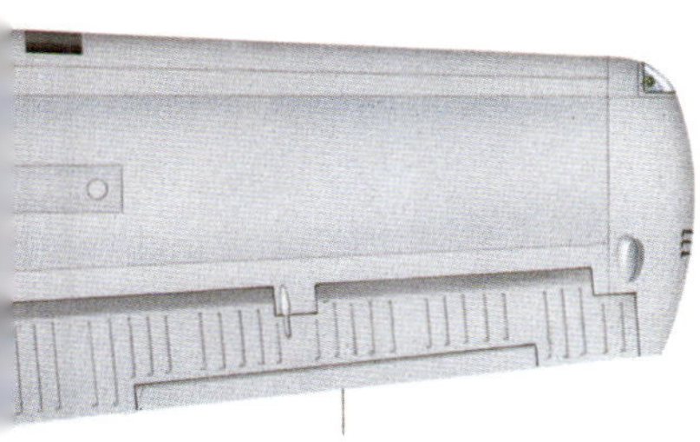

TECHNISCHE DATEN

Handley Page H.P.R.7 Dart Herald
Series 200
Spannweite: 28,88 m
Länge: 23,01 m
Höhe: 7,34 m
Tragflügelfläche: 82,31 m²
Triebwerke: zwei Propellerturbinen Rolls-Royce Dart Mk 527 je 1570 kW (2135 WPS)
Passagierkapazität: 50 bis 56
Leermasse: 11.703 kg
Max. Startmasse: 19.505 kg
Höchstgeschwindigkeit: 170 km/h
Reisegeschwindigkeit: 164 km/h
Dienstgipfelhöhe: 8504 m
Max. Reichweite: 2834 km
Reichweite mit Höchstnutzlast: 1126 km

Antonow An-24RVe

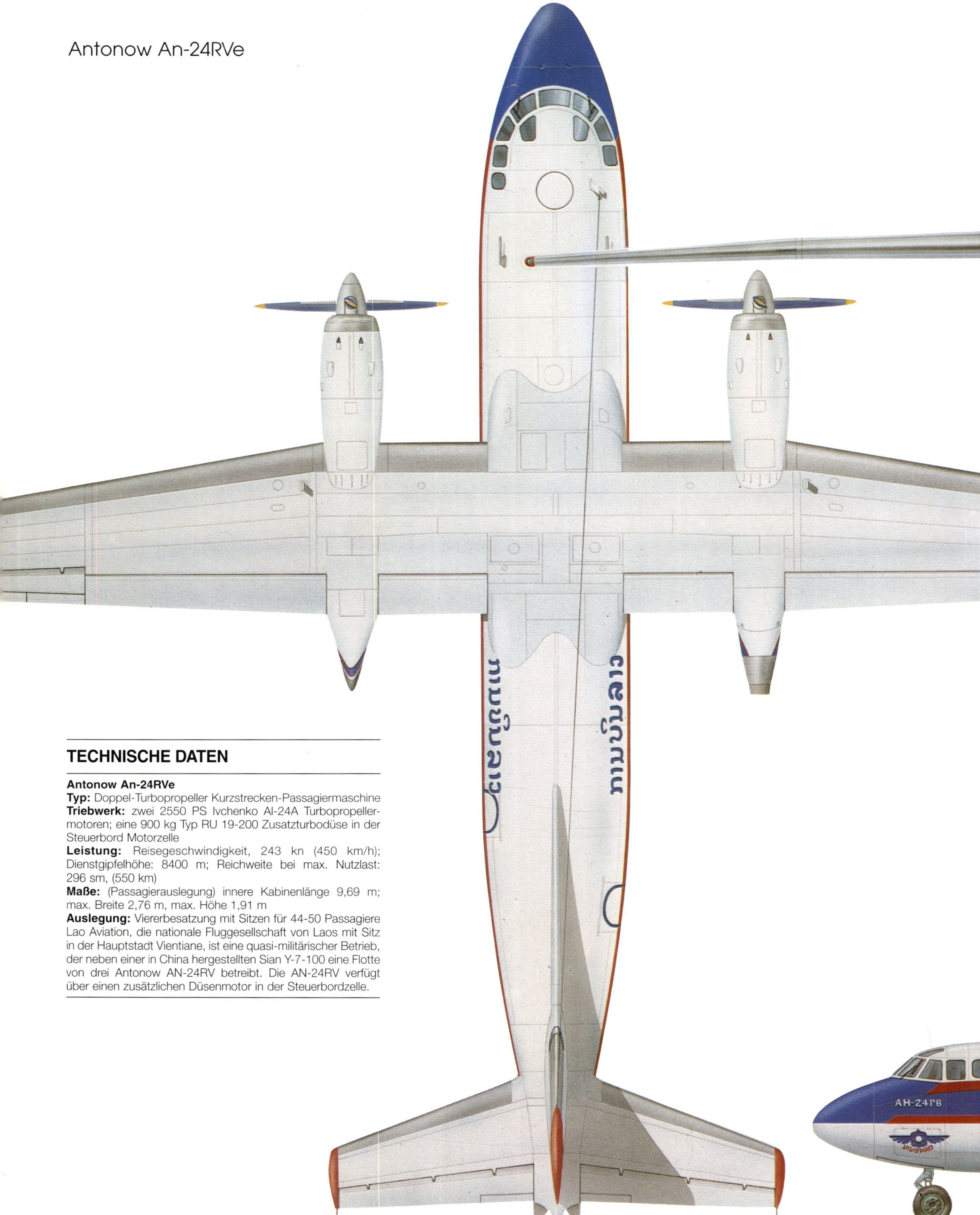

TECHNISCHE DATEN

Antonow An-24RVe
Typ: Doppel-Turbopropeller Kurzstrecken-Passagiermaschine
Triebwerk: zwei 2550 PS Ivchenko AI-24A Turbopropellermotoren; eine 900 kg Typ RU 19-200 Zusatzturbodüse in der Steuerbord Motorzelle
Leistung: Reisegeschwindigkeit, 243 kn (450 km/h); Dienstgipfelhöhe: 8400 m; Reichweite bei max. Nutzlast: 296 sm, (550 km)
Maße: (Passagierauslegung) innere Kabinenlänge 9,69 m; max. Breite 2,76 m, max. Höhe 1,91 m
Auslegung: Viererbesatzung mit Sitzen für 44-50 Passagiere

Lao Aviation, die nationale Fluggesellschaft von Laos mit Sitz in der Hauptstadt Vientiane, ist eine quasi-militärischer Betrieb, der neben einer in China hergestellten Sian Y-7-100 eine Flotte von drei Antonow AN-24RV betreibt. Die AN-24RV verfügt über einen zusätzlichen Düsenmotor in der Steuerbordzelle.

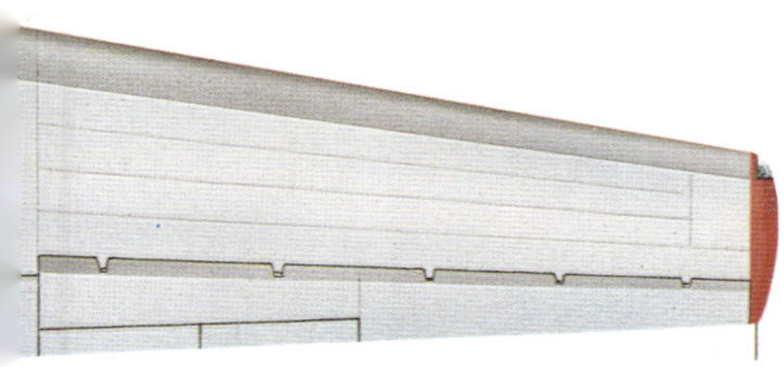

Lao Aviation, die nationale Fluggesellschaft von Laos mit Sitz in der Hauptstadt Vientiane, ist eine quasi-militärischer Betrieb, der neben einer in China hergestellten Sian Y-7-100 eine Flotte von drei Antonov AN-24RV betreibt. Die AN-24RV verfügt über einen zusätzlichen Düsenmotor in der Steuerbordzelle.

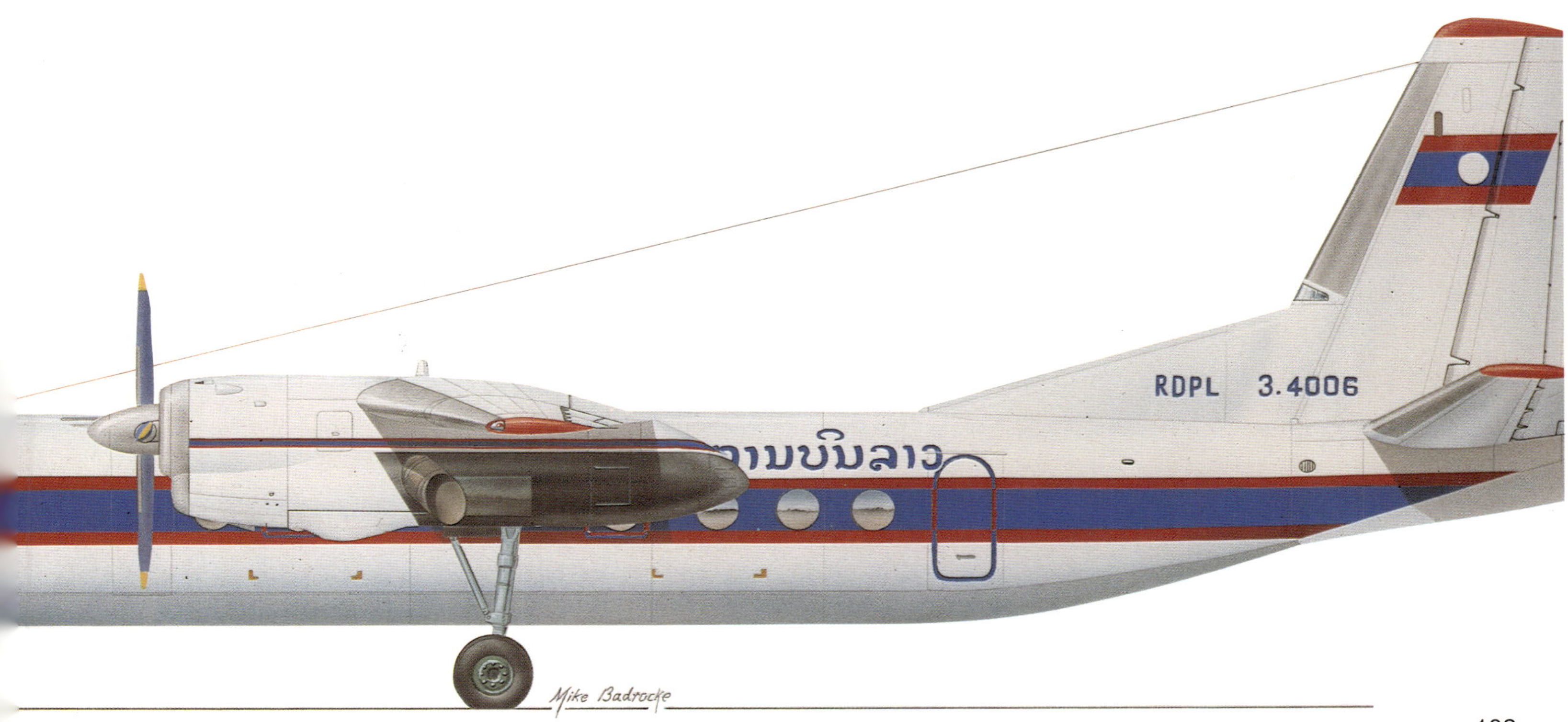

Antonow An-12BP
,,Cub-A"

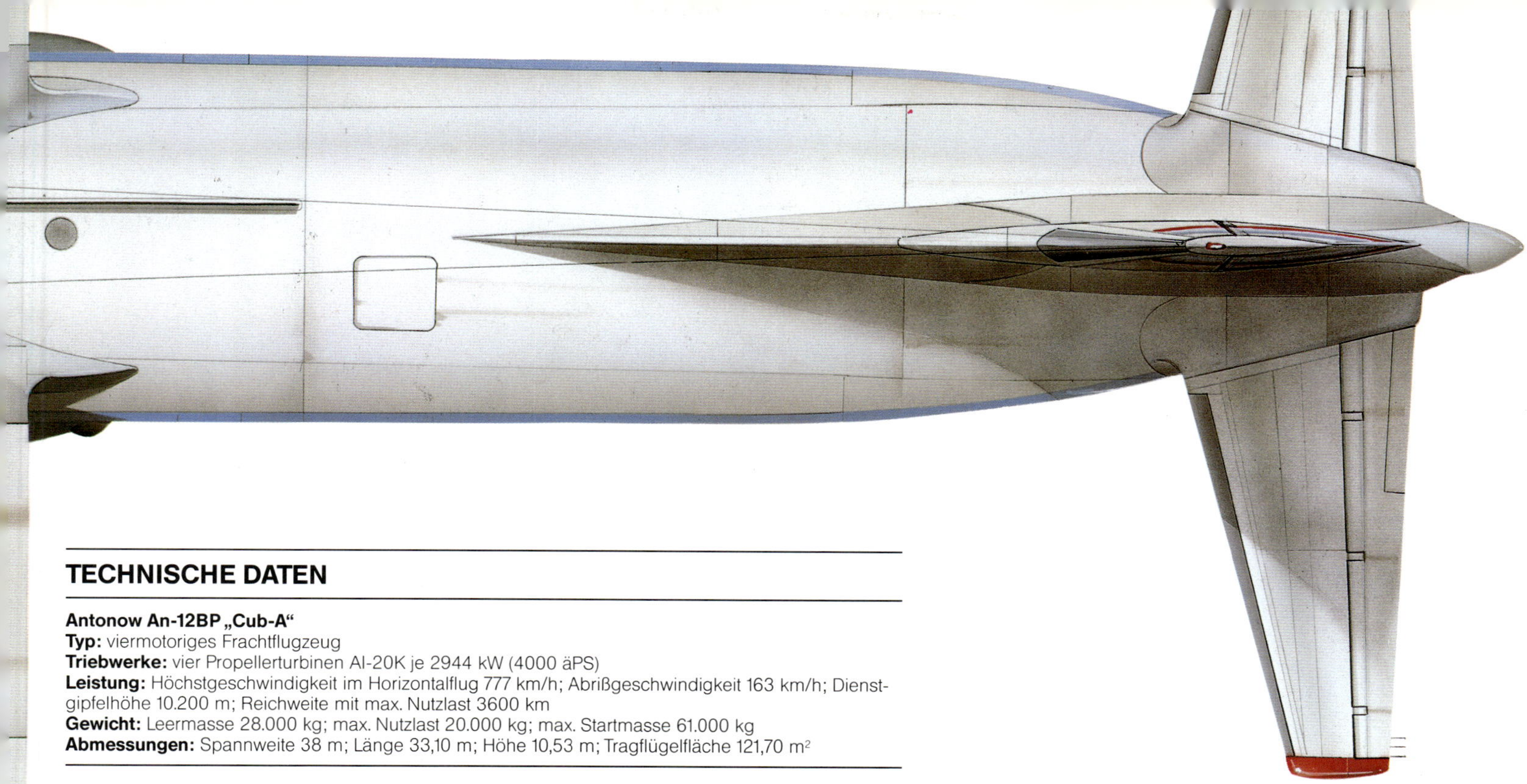

TECHNISCHE DATEN

Antonow An-12BP „Cub-A“
Typ: viermotoriges Frachtflugzeug
Triebwerke: vier Propellerturbinen AI-20K je 2944 kW (4000 äPS)
Leistung: Höchstgeschwindigkeit im Horizontalflug 777 km/h; Abrißgeschwindigkeit 163 km/h; Dienstgipfelhöhe 10.200 m; Reichweite mit max. Nutzlast 3600 km
Gewicht: Leermasse 28.000 kg; max. Nutzlast 20.000 kg; max. Startmasse 61.000 kg
Abmessungen: Spannweite 38 m; Länge 33,10 m; Höhe 10,53 m; Tragflügelfläche 121,70 m^2

YU-AIC war eine von zwei Antonow An-12, die für die jugoslawische Staatslinie JAT flogen. Trotz ihrer militärischen Aufmachung waren beide Maschinen in den zivilen Frachtcharterdienst in Europa und Nahost eingebunden. Das andere Exemplar, YU-AID, stürzte bei einem Flug im Rahmen der UN-Nothungerhilfe in Afrika ab, und YU-AIC ging im aktuellen Kriegsgeschehen Jugoslawiens verloren.

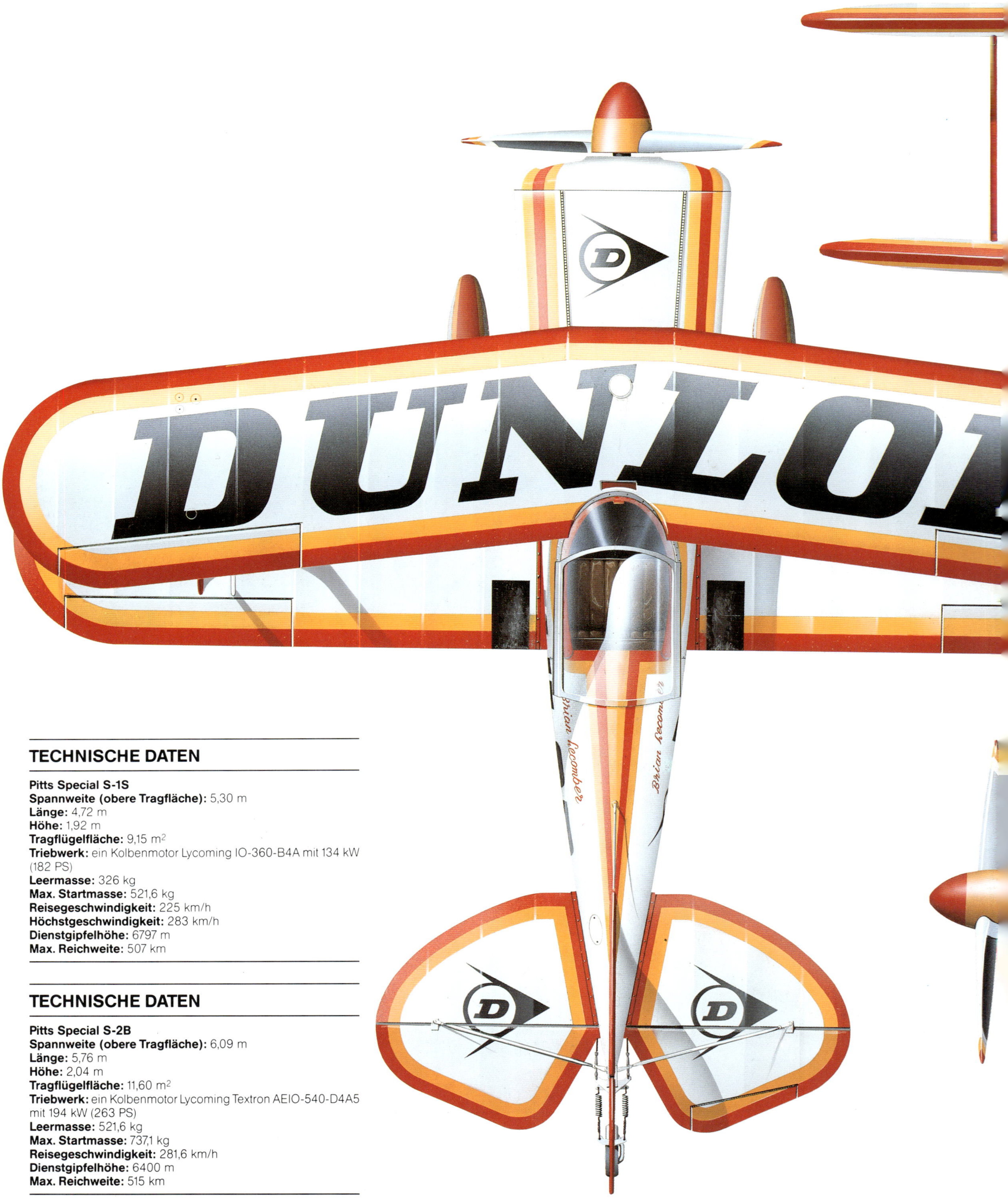

TECHNISCHE DATEN

Pitts Special S-1S
Spannweite (obere Tragfläche): 5,30 m
Länge: 4,72 m
Höhe: 1,92 m
Tragflügelfläche: 9,15 m²
Triebwerk: ein Kolbenmotor Lycoming IO-360-B4A mit 134 kW (182 PS)
Leermasse: 326 kg
Max. Startmasse: 521,6 kg
Reisegeschwindigkeit: 225 km/h
Höchstgeschwindigkeit: 283 km/h
Dienstgipfelhöhe: 6797 m
Max. Reichweite: 507 km

TECHNISCHE DATEN

Pitts Special S-2B
Spannweite (obere Tragfläche): 6,09 m
Länge: 5,76 m
Höhe: 2,04 m
Tragflügelfläche: 11,60 m²
Triebwerk: ein Kolbenmotor Lycoming Textron AEIO-540-D4A5 mit 194 kW (263 PS)
Leermasse: 521,6 kg
Max. Startmasse: 737,1 kg
Reisegeschwindigkeit: 281,6 km/h
Dienstgipfelhöhe: 6400 m
Max. Reichweite: 515 km

Diese Maschine, G-BOOK, war die erste Pitts Special, die der internationale Kunstflugpilot Brian Lecomber kaufte. Er hatte dem Rothman-Kunstflugteam angehört, ehe er sich 1978 mit einer Pitts S-1T selbständig machte. Seine Pitts-Maschinen baute er bald um und versah sie vor allem mit einem 194 kW (263 PS) starken Lycoming-Motor mit Dreiblattpropeller. Die ursprüngliche S-1T hatte symmetrische Flügel wie ihre Vorgängerin S-1S und nur einen Lycoming mit 134 kW (182 PS). Aerotek fertigte nach Erhalt der Zulassung im Jahre 1973 61 Exemplare dieser Special-Version. Es war die erste werksgefertigte Version, da Curtiss Pitts zuvor die Pläne nur an Selbstbauer verkauft hatte.

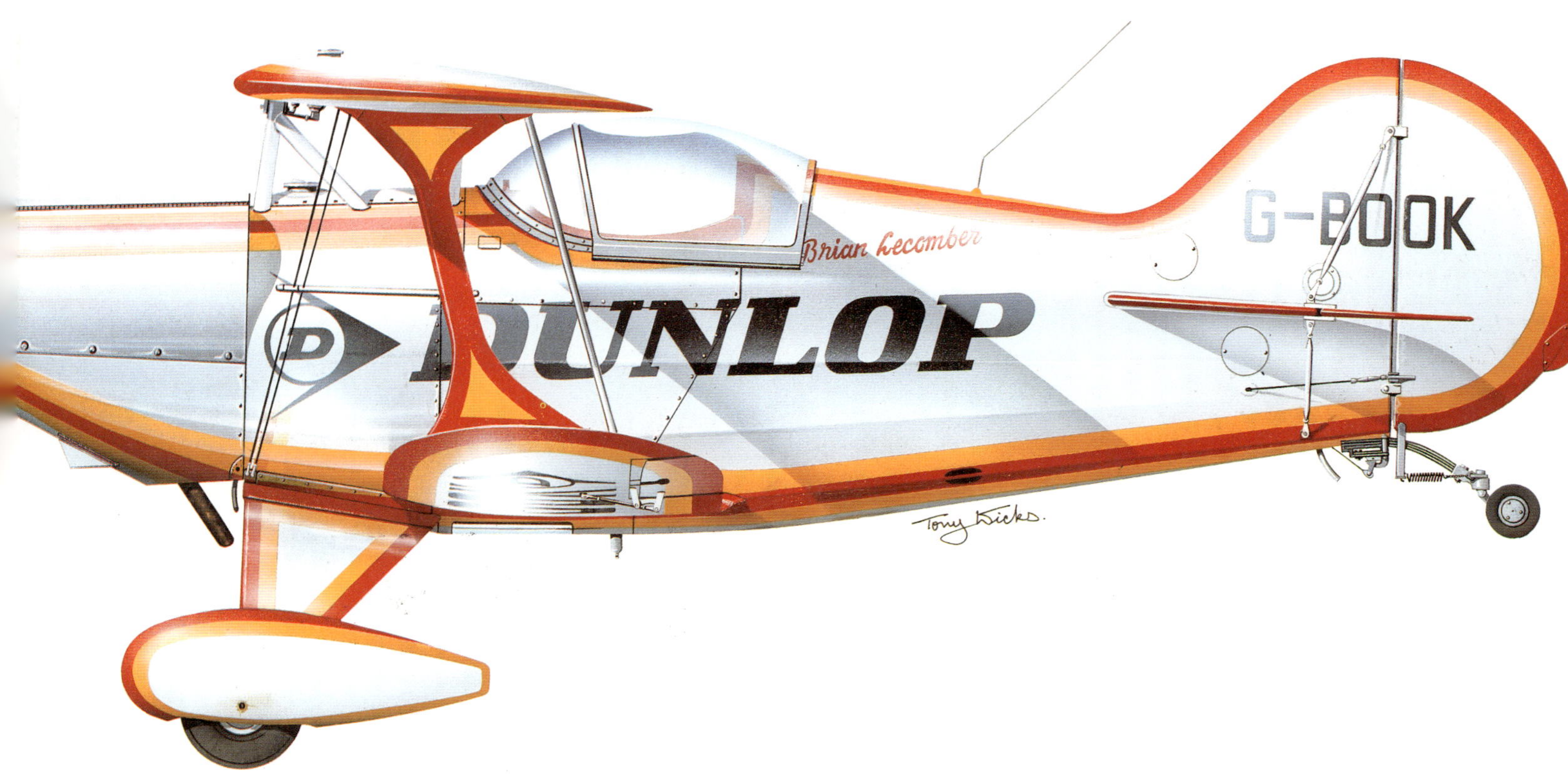

EMBRAER EMB-110P1

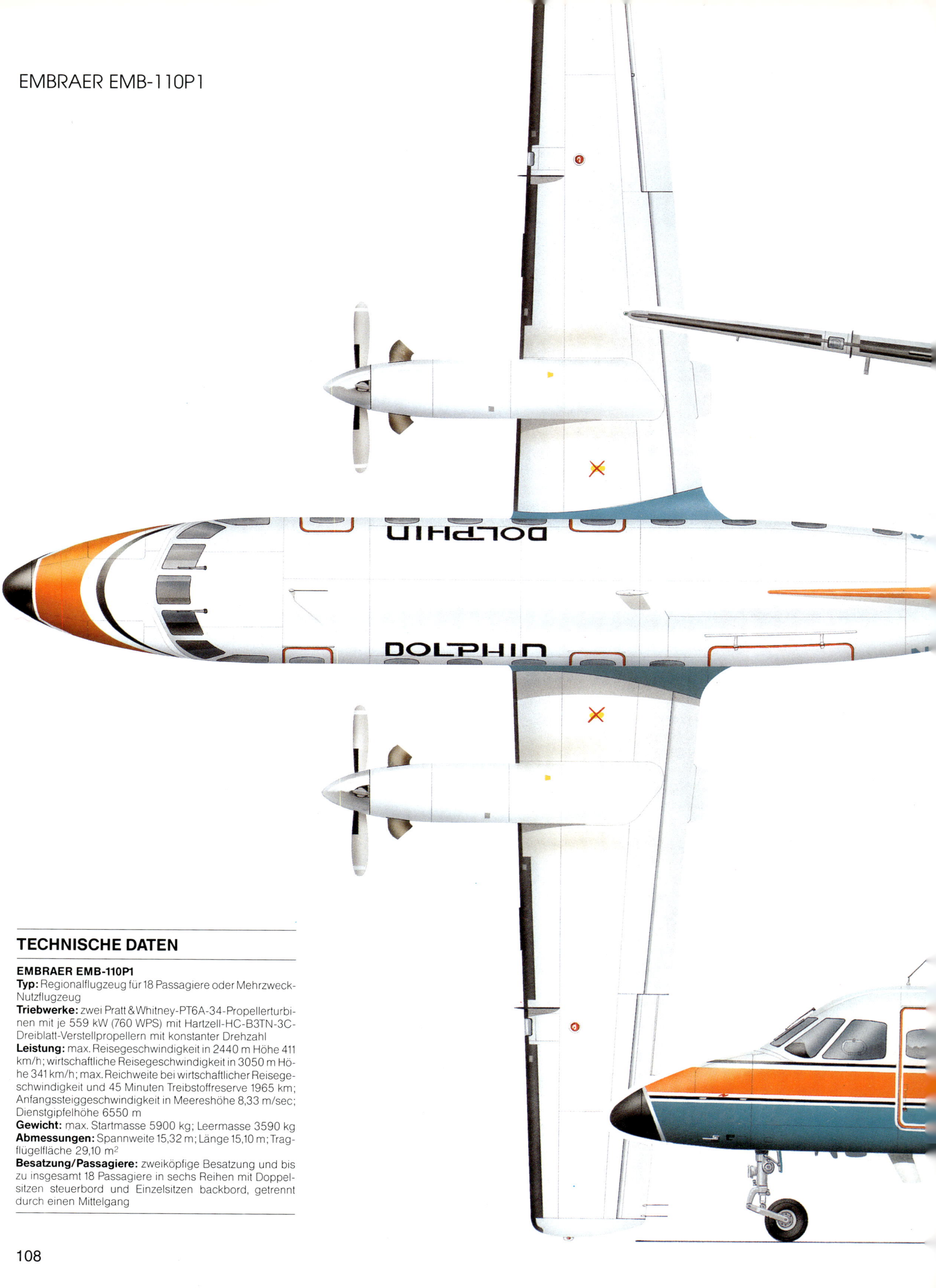

TECHNISCHE DATEN

EMBRAER EMB-110P1
Typ: Regionalflugzeug für 18 Passagiere oder Mehrzweck-Nutzflugzeug
Triebwerke: zwei Pratt & Whitney-PT6A-34-Propellerturbinen mit je 559 kW (760 WPS) mit Hartzell-HC-B3TN-3C-Dreiblatt-Verstellpropellern mit konstanter Drehzahl
Leistung: max. Reisegeschwindigkeit in 2440 m Höhe 411 km/h; wirtschaftliche Reisegeschwindigkeit in 3050 m Höhe 341 km/h; max. Reichweite bei wirtschaftlicher Reisegeschwindigkeit und 45 Minuten Treibstoffreserve 1965 km; Anfangssteiggeschwindigkeit in Meereshöhe 8,33 m/sec; Dienstgipfelhöhe 6550 m
Gewicht: max. Startmasse 5900 kg; Leermasse 3590 kg
Abmessungen: Spannweite 15,32 m; Länge 15,10 m; Tragflügelfläche 29,10 m^2
Besatzung/Passagiere: zweiköpfige Besatzung und bis zu insgesamt 18 Passagiere in sechs Reihen mit Doppelsitzen steuerbord und Einzelsitzen backbord, getrennt durch einen Mittelgang

Dolphin Airways wurde ursprünglich vom Tampa Air Center für den regionalen Luftverkehr in Florida gegründet. Die Firma hatte zunächst acht (später sechs) EMB-110P1 Bandeirante im Einsatz. Gegen Ende des Jahres 1983 führten jedoch große finanzielle Schwierigkeiten zum Konkurs, und das Unternehmen wurde von Provincetown-Boston Airline Inc. (PBA) aufgekauft. Die N61DA, ausgeliefert 1981, gehörte zu den auf PBA übergegangenen Flugzeugen. Es handelt sich um eine EMB-110P1-41, die gemäß FAR, Teil 41, für ein höheres Abfluggewicht zugelassen ist.

Fokker F.27-200 Friendship

Zu den farbenfrohesten Erscheinungen auf den Flugplätzen der USA gehörten zweifellos die F.27 der Hughes Airwest, die im Westen der USA rund 60 Zielorte bediente. Die hier dargestellte F-27A wurde bei Fairchild lizenzgefertigt und eignete sich besonders für den Einsatz von Flugplätzen mit kurzen Pisten in hochgelegenen und heißen Regionen. 1980 wurde die Gesellschaft von Republic Airlines übernommen und die F-27-Flotte verkauft. Diese Maschine gehörte allerdings bereits damals der kanadischen Norcanair.

TECHNISCHE DATEN

Fokker F.27-200 Friendship
Typ: Mittelstrecken-Passagierflugzeug
Triebwerk: zwei Turboprop-Triebwerke Rolls-Royce-Dart-532-7R mit je 2280 WPS (1700 kW)
Leistung: Reisegeschwindigkeit 480 km/h in 6100 m Höhe; Dienstgipfelhöhe 9000 m; Reichweite mit 44 Passagieren und Kraftstoffreserve 1926 km
Gewicht: Leermasse 12.011 kg; max. Startmasse 20.412 kg
Abmessungen: Spannweite 29 m; Länge 23,56 m; Höhe 8,50 m; Flügelfläche 70 m^2

Varianten der Fokker F.27

F.27-100: zwei Prototypen (PH-NIV und NVF)
F.27-101 bis 1118: Standardserienflugzeug mit Dart 511-Triebwerken (insgesamt 85 Maschinen)
F.27-200: Basismodelle mit Dart 532-, 536- oder 551-Triebwerken (insgesamt 114 Maschinen)
F.27-400 Combi: die Combi entstand auf Wunsch von Kunden nach einer Fracht- oder kombinierten Fracht-/ . Passagierversion mit Dart 514-Triebwerken, einer vergrößerten Frachtluke, einem verstärkten Boden und schnell montierbaren Passagiersitzen (insgesamt 13 Maschinen)
F.27-300M Troopship: Militärversion der F.27-300
F.27-400 Combiplane: Fracht- oder Fracht-/Passagierversion der F.27-200 (insgesamt 171 Maschinen, einschließlich 400M)
F.27-400M: Militärvariante der Standardmaschine mit großer Frachtluke, beidseitig größeren Türen für Fallschirmjäger und der Möglichkeit zur Aufnahme von 45 Sitzen für Soldaten, 24 Tragbahren und neun Sitzen oder 5834 kg (bei späteren Flugzeugen 6025 kg) Fracht; eine der verkauften Versionen war mit Trägheitsnavigationssystem und einer umfangreichen Kamera- und Peilausrüstung für kartographische Aufnahmen versehen, eine andere diente als Zielschleppflugzeug
F.27-500: ein um 1,50 m gestreckter Rumpf; die Maschine wurde mit und ohne Frachtklappe verkauft; 15 Maschinen für die französische Post haben auf beiden Seiten eine große Luke (insgesamt 97 Maschinen)
F.27-500M: Militärvariante der F.27-500
F.27-600: ähnlich wie die F.27-200, aber nur mit großer Frachtluke; normaler Boden (kann aber mit Palettensitzen ausgerüstet werden) (insgesamt 47 Maschinen)
F.27-700: mit Dart 511- oder 514-Triebwerken angebotene F.27-600; nicht seriengefertigt
F.27-800: erhielt die neue Bezeichnung 600RF
F.27-600RF: mit Fahrwerk für unbefestigte Pisten angebotene Variante mit Niederdruckreifen, hohem Fahrwerk und damit größerer Bodenfreiheit (bei allen Modellen erhältlich)
F.27 Maritime: spezielle Seeraumüberwachungsvariante für Offshore-Patrouilleneinsatz, SAR- und alle anderen Seeaufgaben mit einer Kraftstoffkapazität für Höchstflugdauer von zwölf Stunden (bei sechsköpfiger Besatzung); die Maschine wurde für ein Gewicht von 21.320 kg zugelassen und mit Ausrüstungen wie einem Litton APS-504 Suchradar, Bendix Wetterradar, außergewöhnlich umfangreichen Navigations- und Kommunikationssystemen sowie blasenförmigen Beobachtungsfenstern versehen; es gibt sowohl einen Taktikraum als auch einen Ruhebereich für die Besatzung (insgesamt 14 Maschinen)
F.27 Maritime Enforcer: bewaffnete Version der Maritime mit Möglichkeit zur Mitführung von Seezielflugkörpern oder anderen Waffen an Unterflügelträgern sowie Spezialausrüstungen
F-27: Fairchild (später Fairchild-Hiller) Basisversion mit einem Gewicht von 16.193 kg, Dart 511- oder 511-7E-Triebwerke mit Wasser/Methanol-Einspritzung wie bei allen F.27
F-27A: leistungsgesteigerte Version mit Dart 528- oder 528-7E-Triebwerken, zugelassen für ein Gewicht von 19.050 kg, entspricht der F.27-200
F-27B: große Frachtklappe, innen als Fracht- oder Fracht-/Passagierflugzeug ausgestattet, ursprünglich nur für ein max. Startgewicht von 17.463 kg zugelassen
F-27F: Geschäftsversion mit stärkeren Dart 529-7E-Triebwerken und auf Wunsch mit Langstreckentanks
F-27G: für Fluggesellschaften vorgeschlagene F-27F; nicht seriengefertigt
F-27J: letztes Standardmodell vor der Streckung, Dart 532-7-Triebwerke
F-27M: Version für heiß-hochgelegene Flugplätze; Dart 532-7-Triebwerke mit 3,66 m Propeller; letzte in den USA gebaute Variante
FH-227: von Fairchild entwickelte Version mit einem um 1,83 m gestreckten Rumpf; Dart 532-7-Triebwerke zugelassen für ein max. Startgewicht von 19.731 kg
FH-227B: weiterentwickelte Version mit gestrecktem Rumpf, neuen Cockpitfenstern, verstärktem Fahrwerk, dikkerer Flügelbeplankung und verstärktem Heckrumpf, Dart 532-7-Triebwerke mit 3,81 m Propeller, max. Startgewicht 20.638 kg
FH-227C: durch Rüstsatz modifizierte FH-227 mit Änderungen gegenüber der FH-227B, aber immer noch mit einem max. Startgewicht von 19.731 kg
FH-227D: letztes neu gebautes gestrecktes Modell mit Dart 532-7L-Triebwerken, spezieller Klappenstellung für den Start und Antiblockiersystem
FH-227E: modifizierte FH-227 mit Dart 532-7L-Triebwerken und anderen, von der FH-227D übernommenen Verbesserungen mit unveränderter Struktur
Cargonaut: von California Airmotive modifiziert, mit vorderer Frachttür und internen Vorrichtungen für Frachtpaletten
Fokker 50: Entwicklung der nächsten Generation mit PW124-Triebwerken sowie modernisiertem Rumpf und verbesserten Systemen
Fokker 100: Entwurf eines Regional-Passagierflugzeugs für 107 Fluggäste (Standardkabine)